호흡의 예술 향도

정진단 지음

티웰

———

'향도란 교양의 체현일 뿐, 사치로움을 대변하는 말이 아니다!'

한漢대에 시작하여 당唐대에 발전하고 송宋대에 한창 흥성하던 중국의 향 문화는 지난 세기말부터 지금에 이르기까지, 명청明淸 시대의 쇠퇴와 민국民國 시대에 자취를 감추는 시절을 거친 뒤, 다시금 새로운 중흥을 맞이하는 듯하다. 순식간에 각종 모임과 향 전문점, 연구원, 서클 등이 무성하게 생겨나 제각기 기염을 토하니, 어느 것 하나 황실의 아호雅號와 엘리트들의 한가로운 일거리들의 이름을 내걸지 않은 게 없다. 더욱이 각종 품향品香 도구는 금이 아니면 은이거나 혹은 옥이거나 비취로, 그 화사한 광택이 빛을 더하여 사치의 극치에 이른다. 마치 이런 것들이 없다면 제아무리 이름난 향자리일지라도 벌여서는 안 되거나 심지어는 숯을 올릴 자격조차도 없는 듯하다. 이는 곧 명품 가방을 걸치지 않고 어찌 화려한 연회에 갈 수 있을까 하는 것과 다름이 없다. 이건 실제로 보석을 팔아 보석 상자를 사는 것처럼 사람들로 하여금 탄식하게 하는 괴이한 일이다. 이건 본말이 전도된 향학香學이며 완전히 '화청적경和淸寂敬'의 향학 심미審美를 위배한 것이다!

향도를 하는 이가 만약에 겸겸군자謙謙君子의 솔직 담백한 심정으로 향로, 숯, 재, 저, 은엽, 향 하나하나를 마치 살얼음판을 내딛듯이 조심스레 다루고 감상하며 또한마음이 되어서 가슴에 품듯 하지 아니한다면 향이 어디에서 오는지, 어느 곳으로 오고 가는지, 어찌 알겠는가? 마음이 들뜨고 조급하게 굴며 허망하게 혼돈에 빠져 금과 은을 물 쓰듯 극도로 사치를 다하는 행위들은 도道에서 매우 멀어진 것은 물론이요, 향을 올려도 그 까닭을 듣지 못한다!

품향의 우아함은 마음에서 발흥하여 예술의 경지에서 노니는 것이라, 《상서尙書·군진君陳》에 이르기를, "지극한 향불을 다스림은 신명神明을 감동하는 데 있다. 서직黍稷은 향기롭지 않거니와 밝은 덕행만이 향기롭다."고 하였다. 원컨대 향도에 종사하는 이들 모두가 다 유아儒雅하고 청명淸明하니 교양을 두루 잘 갖추어서 온 천하에 그 모범을 드리우길 바라는 마음이다. 모든 향자리가 기쁨이 가득한 해맑은 향내음이요, 조화로운 아름다움의 예찬이길!

왕강 (중국향도협회 회장, 중국향문화연구원 부원장)

서

문

세상의 모든 문화는 대체로 두 가지로 나뉜다. 유형과 무형, 혹은 물질과 정신으로 통칭한다. 중국에서는 이를 예藝와 도道라고 한다.

동양의 문화는 예술과 도道, 즉 물질의 예술적 표현과 정신적인 승화 ─ 도道가 융합이 된 것을 말한다. 이를 옛사람들은 '이도통예以道统藝 유예진도由藝臻道'라고 했다. 도로써 모든 예술을 통하며, 예술로써 도의 경지에 이른다는 말이다. 우리의 문화에서 도를 떠난다는 것은 영혼을 잃은 것과 마찬가지다.

향 문화 또한 그러하다.

향의 예술과 정신적 수행을 같이 하지 아니하면 어찌 향도라고 하겠는가!

사람들은 향도가 문화의 최고봉이라고 한다. 그러니 최상의 물질과 최상의 예술, 도의 경지를 갖추어야 비로소 향도라고 하겠다. 그렇다면 그 최고봉

4

으로 통하는 길이 있을 것이 아닌가? 대학에 가려면 유치원부터 초등학교, 중학교, 고등학교를 거치듯이 말이다.

'향도'라고 하면 고가의 향과 도구 그리고 우아한 의상과 의식을 떠올린다. 그렇지만 향도의 향이란 것은 좋은 향기를 맡는 것으로 호흡이 우선이다. 우리는 어릴 때부터 좋은 모습, 좋은 경치를 보는 연습을 한다. 눈의 연습이다. 좋은 소리를 듣고 좋은 음악을 듣는 연습을 한다. 귀의 연습이다. 또 깨끗한 음식을 먹고 좋은 말을 하는 연습을 한다. 입, 혀의 연습이다. 질 좋은 물건을 만지고 바른 자세로 앉고 걷는 연습을 한다. 손과 발, 몸의 연습이다.

그러면 코는 어떤가? 코는 왜 연습을 하지 않는 것인가! 우리는 숨을 잠시라도 쉬지 않으면 살아갈 수가 없다. 잘못된 호흡으로 인한 질환이 부지기수다. 그런데도 사람들은 호흡에 크게 신경을 쓰지 않는다. 향이라는 것은 좋은 냄새를 뜻한다. 따라서 질 좋은 호흡이라는 것은 좋은 냄새, 즉 질 좋은 향을 들이켜고 내쉬는 것이 아닌가! 거창한 문화와 예술, 도의 경지를 논하기 이전에 질 좋은 호흡이 향도의 첫 시작이다.

눈, 귀, 코, 혀, 손발(몸)의 연습을 하였으니 보고 듣고 맡고 맛보고 만질 수 있는 물질들을 통한 바르고 깨끗한 생각과 마음의 연습도 당연히 해야 할 것이다.

이것이 향도로 가는 길이다.

사람은 군중 속에 파묻혀 있으면 판단이 흐려진다. 그래서 사람은 홀로 있는 연습을 해야 마음이 청량해져서 정확한 사고와 판단을 할 수 있다. 그러나 대부분의 사람들은 혼자 있는 것을 견디지 못한다. 조용히 '나'라는 몸과 '나'라는 마음이 소통을 하고, 진정한 내가 누구인지 알아가는 시간을 갖지 못한다. 향도는 외롭지 않게 자신과 소통하는 시간을 갖게 한다.

요즘 부쩍 명상, 참선, 요가 등 이른바 수행이라는 것이 유행처럼 퍼지고 있다. 그런데 잡념을 없앤다고 가부좌를 하면서 머릿속을 더 많은 생각들로 가득 채운다. 문단속은 잘했는지, 주방에 가스불은 끄고 나왔는지 등 허상에 빠지기는 흔한 일이고 연기가 가득한 주방 모습이 눈앞에 어른거려 당장 달려가 보고 싶어진다.

언젠가 위빠사나 수행 중 겪은 일화다. 함께 참여했던 한 사람이 사흘째 되던 날 노모가 입원했으니 빨리 전화를 해야 한다며 휴대폰을 달라고 떠들었다. 누구도 대꾸를 하지 않자 이튿날은 아들이 실종됐다, 그 다음날은 경리가 회사 돈을 다 들고 도망갔다며 난리를 쳤다. 그렇게 엿새쯤 지나자 안정을 찾았고 수행 해제를 하자마자 전화를 걸었더니 건강한 아들 목소리가 들려왔다 한다. 사람들은 이렇게 내가 없으면 세상이 안 돌아가는 줄로 착각하며 살아가고 있다.

불가佛家에서는 보통 사람을 중생衆生, 범부凡夫라 한다. 나我라는 자의식에 갇혀 번뇌와 망상에 얽매여 살아가는 사람을 말한다. 그런 우리가 어떻게 오온五蘊의 공허함을 알아차리고 마음에 걸림이 없고 공포가 없고 교만이 없으며 그 또한 해탈을 하여 인생의 행복한 피안으로 갈 수 있을 것인가?

매일같이 반복되는 일과 스트레스, 사람들과의 관계, 보살펴야 할 가족, 그 어느 하나도 번뇌가 아닐 수 없다. 잠시라도 모두 던져 버리고 어디론가 떠나고 싶으나 쉽게 떠날 수도 없는 것이 현실이다. 이런 각박한 일상에서 어떻게 명상을 할 것인가? 우리에게 맞는 수행 방법은 무엇인가? 생기고 사라지고 끊임없이 반복되는 그 번뇌를 없애는 좀더 편안한 방법, 좀더 쉽게 다가갈 수 있는 그런 수행법 말이다.

향과 함께 편안하게 호흡을 하면서
오고 가는 향 내음에 따라 생기고 사라지는 번뇌를 그저 바라보고
그 번뇌의 생김과 사라짐 그 또한 사라지는 마음을 챙기고 그 모든 번뇌의
근원 — 나我를 다스리는 행복한 여정…
바로 그것이 향도다!

《호흡의 예술 향도》를 처음 펴낸 지 벌써 10년이 다 되어 간다. 그 사이 한국에는 많은 향 전문점들이 생겨나고 향도와 그 교육 단체가 우후죽순처럼 생겨났다. 《중국향도》와 《호흡의 예술 향도》라는 책으로 말미암아 새로운 향

시장이 생겨나고, 향 문화가 급격히 발전을 이룬 것이 기쁘기도 하지만 내심 당황스럽기도 했다. 문화를 즐기려면 좋은 재료와 기물이 필요한 것은 지당한 일이나 제대로 된 시장이 형성이 됐으면 하는 바람이다. 바른 교육과 바른 배움, 바른 시장, 향인들의 바른 마음가짐 이것 또한 향도의 마음, 정념正念이라 생각한다.

언젠가 동안거를 들어가시는 스님께서 보내온 글이, 향을 하는 모든 이들이 갖추어야 하는 마음가짐이라 생각되어 옮겨 본다.

眼으로는 타인의 장점만 보게 하소서

耳로는 진리의 소리를 듣게 하소서

鼻로는 법의 향기를 맡게 하소서

舌로는 찬탄의 말을 하게 하소서

身으로는 보살행을 실천하게 하소서

意로는 진영의 법계에 노닐게 하소서

《호흡의 예술 향도》가 품절된 지 오랜 시간이 지났으나 더없이 부족한 이 책을 다시 재인쇄 해야 하는지 많은 고민을 했다. 그러나 향에 관심을 가지는 사람들이 점점 늘어나고 시장 또한 빠른 속도로 팽창하는 것을 보면서 '향이 무엇인지, 우리는 왜 향도를 해야 하는지'에 대해 모든 사람들에게 다시금 전하고 싶은 생각이 들었다. 또 향도를 가르치면서 얻은 경험들을 토대로 내용을 좀더 정리하고 보완하여 누구라도 책을 보면서 향도의 세계에 입문하도록 돕고 싶었다.

개정판을 내면서 전거를 확인하고 한국말로 옮기는 데 조언을 해 주신 일지암 법인스님, 변함없이 기록과 도움을 주신 티웰 박홍관 대표님, 5년간 곁에서 뒷바라지해 주는 든든한 제자 이채로아, 향 문화 보급에 고생을 같이 하고 지금은 중국에서 공부하고 있는 제자 정숙영, 그리고 성장을 지켜봐 주신 한국향도협회 모든 분들에게 이 책을 올리며, 더욱 정진하는 모습으로 보답할 것을 기약한다.

그동안 이루향서원에서 또 한국향도협회에서 그리고 부산여자대학에서, 그리고 특강을 요청했던 학교와 여러 공공기관 등에서 턱없이 부족한 나에게 믿음을 가지고 배움을 청한 모든 분들에게 진한 감사의 마음을 전한다.

차
례

———

| 일러두기 |

본문 및 부록에서 인용한 한시와 고대 문헌의 인용 부분에서 한자를 그대로 직역한 것은 한글과 한자를 병행하였으며, 그 외에는 본래 원문의 의미에 충실하도록 의역하였다.

제 1 장

향을 든다

세상에 갓 태어난 아기에게

가장 중요한 일은 바로 호흡이다.

아기는 본능적으로

우주의 향기를 들이켜

비로소 삶을 시작한다.

호흡은 생명체를 규정하는 중요한 요소 중의 하나이다.

사람의 삶도 '아앙' 하고 크게 울면서 내쉬는 '첫 숨'으로부터 시작해 '호흡 정지'에서 생을 마감한다.

세상은 온갖 냄새로 가득 차 있기에, 모든 호흡에는 냄새가 동반한다고 해도 과언이 아니다. 따라서 후각은 사람이 살아가는 데 매우 중요한 감각이다.

아직 시각이 완전히 발달하지 않은 갓난아기는 엄마의 젖 냄새를 따라 고개를 돌린다. 또 엄마 체취를 맡으며 심리적인 안정감을 얻는다. 냄새를 맡

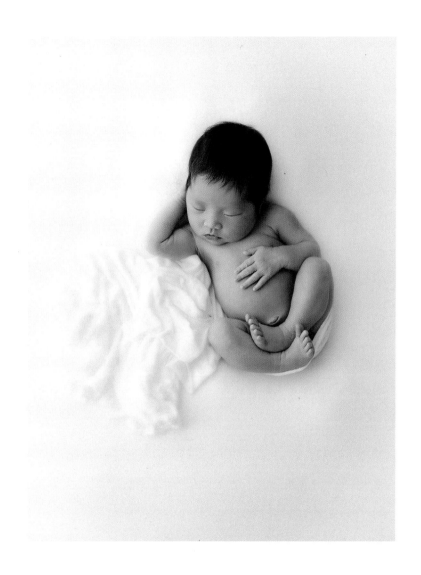

생후 2주 된 갓난아기(박라엘)

는 후각세포가 다른 감각과 달리 '감정 조절'과 '정서 기억'을 담당하는 편도체와 연결되어 있기 때문이다. 후각세포는 기억력과 판단력에 관여하는 해마와도 밀접한 연관이 있다. 그래서 냄새는 사람으로 하여금 감정과 추억을 직접 자극한다. 기억을 불러내는 것이다.

사람들은 나쁜 냄새를 싫어해 '악취'라 부르고, 감각과 정서에 바람직한 영향을 미치는 좋은 냄새를 '향기'라 한다. 향도는 엄밀히 말하면, 향香의 기氣를 통하여 도道를 이루는 것이기에 단순히 좋은 냄새를 맡는 것에서 그치는 것이 아니라 더 나아가 몸을 건강하게 하고, 마음을 다스리는 일종의 수행 방법이다. 대개 모든 수행은 호흡의 중요성을 강조하는데, 향은 그 호흡을 관찰하는 데 상당히 이롭다. 향도는 그 향을 사용해 마음을 다스리고 덕행을 수행함으로써, 삶을 예술의 경지에 이르도록 한다.

향도에서는 '향을 맡는다' 하지 않고 '향을 듣는다'고 한다. 향을 어떻게 듣는가?

향을 '맡다'는 사람이 능동적인 입장이나 '듣다'라고 하면 피동적인 입장으로 바뀐다. 심호흡을 하며 향을 들이켜는 동작을 목표로 두면, 사람은 능동적인 역할을 하고 향은 피동적인 역할을 한다. 그러나 '듣다'는 다르다. 귀는 자나 깨나 열려 있어 사방의 소리를 듣는다. 듣고 싶지 않아도 소리가 나면 들어야 한다. '향을 듣는다'고 할 때도 마찬가지다. 원한다고 향을 맡을 수 있는 것이 아니며, 원치 않아도 향이 나는 것이다. 이로써 향도에서 향을 다룰 때는, 나 자신이 아닌 향이 주장하는 대로, 그저 향이 오고 감을 지켜보는 것이다.

침향을 불 위에 올려 보면, 자신이 어떻게 피동적이 되는지 깨닫게 된다. 내가 향을 찾아가는 것이 아니라 향이 나를 향해 치고 온다. 실오라기처럼 가늘게 혹은 칼처럼 날카롭게 혹은 구름처럼 부드럽게 혹은 회오리처럼 휘몰아치며 감싼다. 내가 감히 붙잡을 수 없고 마음대로 할 수 없는 그 무엇이 바로 침향의 향기다.

향에 집착하지 않으면서 순간순간 향이 오고 감을 느끼며 '오면 오는가 보다, 가면 가는가 보다.'라고 지켜볼 수 있는 그것이, 향을 듣는 '문향'의 의미며 향도의 경지다.

한국이나 일본에서는 청향聽香보다 문향聞香이라는 표현을 많이 쓴다. 아마 불경에서 문향이란 표현을 쓰다 보니 그 영향을 받은 것 같다. 중국에서는 청향이라 하는데, 문聞 자는 '소리를 듣다'와 '냄새를 맡다' 두 가지 뜻으로 모두 사용하는 반면, 청聽 자는 '소리를 듣다'의 의미로만 쓰기 때문에 '듣다'란 의미를 강조하고자 향도에서 청향이라 쓴다. 그러므로 현재 향도에서 청향과 문향이 같은 뜻으로 사용되고 있다고 보면 된다.

일찍이 중국 수나라 천태지의天台智顗는 《소지관小止觀》에서 향기에 대한 집착을 버리고 도를 이루는 깨달음을 다루었다.

雲何名聞香中修觀, 應作是念。

我今聞香, 虛誑無實。

所以者何, 根塵何故, 而生鼻識, 次生意識。

强取香相, 因此則有一切煩惱善惡等法, 故名聞香。

反觀聞香之心, 不見相貌,

當知聞香, 及一切法華竟空寂, 是名修觀。

향을 맡는 중 관수행觀修行을 무엇이라 하는가.

마땅히 내가 지금 맡는 향은 허깨비와 같아

실재實在가 없다고 여겨야 한다.

왜냐하니 비근鼻根[1]과 향이 화합하여

비식鼻識[2]이 일어나고 의식 또한 깨어난다.

향기의 모습을 억지로 취하니 이로 인해 일체의 번뇌, 선악 등 법이 있음이다.

고로 이를 문향이라 한다.

향을 맡는 마음을 돌이켜 관찰해 보면 실상이 보이지 않는다.

그러므로 문향의 행위와 일체법은 끝내 공적空寂[3]하니

이를 관수행이라고 한다.

---

1) 후각 기관인 코를 이른다.
2) 불교 용어로, 코로 사물의 냄새를 식별하는 것을 이른다.
3) 불교 용어로, 만물은 모두 실체가 없고 정해진 주인이 없다는 뜻이다. '공空'은 그 어느 것도 형상이 없음을
'적寂'은 일어나거나 스러짐이 없음을 뜻한다.

육근六根은 눈, 귀, 코, 혀, 몸, 의意이며, 육근에 상응하는 것은 색色, 성聲, 향香, 미味, 촉觸, 법法 등 육진六塵이다. 코로 향을 맡는 행위를 통해 식識의 변화를 관찰하며 이 둘을 자유롭게 오가는 자기관찰수행법을 비관鼻觀이라 한다. 즉, 코를 통하여 내 몸과 마음을 관찰하는 과정이다. 비관법은 향도의 핵심이다. 비관은 품향 연습을 통해 다뤄지는 부분이므로, 제3장 〈향도와 비관〉에서 더 자세히 설명하겠다.

향을 빌어 참선하여 깨달음을 얻은 것이 최초로 기록된 것은 능엄경楞嚴經》〈향엄원통香嚴圓通〉편이다. 성자 25명이 각각 자신이 깨달음을 얻은 방법을 서술한 중에, 향엄동자가 청향을 통하여 깨달음을 얻은 이야기가 나온다.

香嚴童子, 卽従座起, 頂禮佛足,

而白佛言；我聞如來敎我諦觀, 諸有爲相。

我時辭佛, 宴晦淸齊, 見諸比丘燒沈水香, 香氣寂然來入鼻中。

我觀此氣, 非本非空, 非煙非火, 去無所着, 來無所従, 由是意銷, 發明無漏。

如來印我得香嚴號, 塵氣條滅, 妙香密圓, 我従香嚴, 得阿羅漢。

향엄동자가 즉시 보좌에서 일어나 부처님의 발밑에 절하며 말하였다.

여래가 이르길, 모든 상을 관찰하라 하여

불타에게서 물러나 정당에서 스스로 수행 중

비구들이 침수향을 끓이는데 콧속으로 향기가 들어왔다.

이 향기를 관찰하니 본래 있는 것도 아니며 없는 것도 아니고

연기 속에 있는 것도 아니며 불 속에 있는 것도 아니고

가더라도 집착하지 않으며 오더라도 어디서 오는지 헤아리지 않으니

심경이 사라지고 번뇌가 없어져 이로 아라한을 얻었다.

향을 통한 깨달음은 송대 계성繼成의 《오등회원五燈會元》에서도 찾아볼 수 있다.

鼻里音聲耳里香, 眼中鹹淡舌玄黃, 意能覺觸身分明, 氷室如春九夏凉。

코는 소리를, 귀는 향기를, 눈은 짜고 싱거운 맛을, 혀는 색의 현황을,

여러 감각이 서로 지각할 수 있으니

몸은 분명하여 얼음 방이 봄날인 듯 여름 석 달은 추운 듯하구나.

불가뿐 아니라 도가에서도 향을 통해 수행의 경지에 이른 기록이 있다.

'우공이산愚公移山' 이야기로 잘 알려져 있는 열자列子는 춘추전국시대 정나라鄭國의 황제黃帝사상의 도가학자로, 자신의 몸을 관찰하는 수행에 관해 《황제편黃帝篇》에 기록을 남겼다.

眼如耳, 耳如鼻, 鼻如口, 無不同也,

心凝形釋, 骨肉都融, 不覺形之所倚。

足之所覆, 隨風東西, 猶木葉乾殼。

竟不知風乘我耶, 我乘風乎?

눈이 귀인 것 같기도 하고, 귀가 코인 것 같기도 하고,

코가 입인 것 같기도 하여 모든 감각이 다 한가지로다.

마음은 모여 하나가 되고, 형체는 얼음 같이 풀어지고,

뼈와 살은 다 녹아 몸 둘 곳과 발붙일 데가 없도다.

몸은 바람 부는 대로 동서로 날리기도 하여

나뭇잎이나 마른 나무 껍질이 공중에 떠다니는 것과 같아

바람이 나를 태워 가는지

내가 바람을 타고 가는지 도무지 알 수 없다.

옛 문인들도 참선을 하며 향의 도를 이루었다. 명대 문학가이자 명 말기 경릉파竟陵派의 창시자이기도 했던 담원춘譚元春은 《초향初香》에서 향을 통해 깨달음을 얻는 순간을 묘사한 바 있다.

寂然自一室, 斯心未有托。

何以栩栩间，妙香過而掠?

相觸領其機，六根同知覺。

적연한 방에 홀로 사심을 의탁할 곳이 없구나.

무엇인가 생생한 중 순간 묘향이 지나가며

몸을 스치니 육근이 동시에 지각하구나.

향도는 곧 수행이다. 향도 입문 시, 첫해는 재를 다루는 연습만 하고, 이듬해는 향을 맡는 연습만 하고, 삼 년째가 되서야 모든 절차를 연습하도록 가르치는 경우도 있다. 왜 향도는 이토록 심오하며 그토록 많은 연습과 오랜 시간을 요하는 것일까? 꾸준히 재와 불을 다루는 법을 연습하며 초조함을 없애고 인내심을 키워야, 오고 감이 자유로운 향과의 진정한 소통이 가능하기 때문이다. 향도란 다름 아닌 향 문화와 향 예술을 도道로 승화시키는 과정이다.

공자가 사양자師襄子에게 금琴을 배울 때 부단한 노력으로 도道에 이른 일화는 유명하다. 첫 곡을 받아 열흘 동안 연습한 공자의 금 소리를 듣고 사양자는 이미 능숙하게 다룬다며 새로운 곡을 준다. 그러나 공자는 율律을 장악하지 못했다고 여겨 더 긴 시간을 연습한다. 여러 날이 지나 공자는 율은 장악했으나 작품의 뜻을 터득하지 못하였다며 계속 연습을 한다. 또 여러 날이 지나 천군만마가 달리는 듯 한 공자의 금 소리를 듣고 사양자는 충분히 경지에 올랐다고 칭찬한다. 공자는 그래도 부족하다며 다시 연습에 연습을 거듭한다. 마침내 공자는 흥분된 목소리로 사양자의 앞에 나타나, 드디어 이 작품의 주인공이 누군지 알았다고 외친다. '거무스레한 얼굴에 거대한 몸집, 두 눈은 강인한 빛이 나고, 위엄 있고 군왕의 기질이 넘치는 것을 보아 주문왕이 틀림없노라.'라고. 이 곡이 그 유명한 〈문왕조文王操〉이다.

향도의 길을 걷고자 하는 사람들은 공자가 부단한 연습으로 도에 이른 것을 기억하며, 같은 마음으로 향을 접하고 부단한 연습을 게을리하지 말아야 한다. 육근이 향을 알아차리고 향과 소통이 되는 때, 향기로운 길이 보이기 시작할 것이다. 향과 함께라면 외로움이 즐거워지는 행복한 삶이 될 것이다.

제 2 장

향의 역사

인류 초기의 향

향을 최초로 사용한 곳은 어디일까?

고대 인도인지, 고대 이집트인지, 고대 중국인지, 현재까지의 연구 결과 만으로는 정확히 어느 곳이라고 단정 짓기 어렵다. 그러나 어느 곳에서 최 초로 시작되었든, 인류의 최초 향 사용 시기를 4~5천 년 전으로 추정한다.

동양에서 향은 수천 년 동안 의학으로, 또 철학적 개념을 동반하여 수 행으로 발전하였다. 중국에서는 문명의 시조로 여겨지는 삼황오제三皇五 帝 때부터 향을 중의학에 사용했으며, 참선 수행을 하는 데 사용했다고 전 해 온다. 인도에서는 기원전 2500년 전 힌두교의 전승 의학에서 향약을 사 용한 기록이 전해지며, 이후 철학 사상과 결합하여 아유르베다(Ayurveda)로 발전해 왔다.

이집트인들은 기원전 3000년 전부터 아로마 오일을 추출하여 제사, 의 학, 미용, 시신 보존, 종교 등 다양한 분야에 광범위하게 사용했다. 미라를 만들 때 시더우드(Cedarwood) 오일을 사용했고, 클레오파트라는 다양한 향 을 사용해 자신을 가꾸었다는 기록이 있으며, 이집트 제18왕조 제12대 왕 투탕카멘의 무덤을 발굴했을 때 키피(Kyphi) 향이 났다는 것을 볼 때, 이집트인들을 다양한 용도로 향료를 사용한 최초의 민족으로 보아도 무리가 없을 것이다.

향 문화는 동양과 서양에서 서로 다른 양상을 보이며 발전했다.

향이 의학으로 발전했다는 점은 서양과 동양이 같지만, 서양에서는 외적 아름다움을 표현하는 향기로 발전하였다는 데 큰 차이가 있다. 그리스-로마 시대에는 이미 방향성 식물에서 에센스를 추출해 향 치료를 했으며, 그것이 현대의 아로마테라피로 발전되었다. 아랍인들이 발견한 증류법은 중세 십자군 원정 이후 유럽에 전해지며 현대의 향수로 자리 잡았다. 향수 산업의 발달과 대중화는 그 영향이 매우 커, 최근에는 향의 시작과 더불어 수천 년의 향 문화를 이어온 동양에서조차 향 문화라고 하면 서양의 향수가 전부인 양 여기는 듯하다. 그러나 서양의 향이 후각 위주의 외적 아름다움을 추구하는 '유형有形의 향'이라면, 동양의 향은 후각에 제한받지 않으며 정신적 아름다움을 추구하는 '무형無形의 향'이라 할 수 있다.

동양은 향으로 시작해 도道라 칭하는 경지에까지 이르는 향 문화를 구축해왔다. 이는 아주 오래 전부터 향이 생활 미학으로서 삶 전반에 스미어 있기에 가능한 것이기도 하다. 주술 의식과 천지를 숭배함에도 향이 있다. 종교에서도 향을 쓰며 명절에도 향을 쓰고 중약백초中藥百草에도 향이 있다. 역대 제왕들도 향을 좋아하였고 규방 처자도 향을 사랑했으며 고전과 명저에서도 향을 노래하고 문인들은 향을 읊었다. 향낭香囊에서 피어오르는 향으로 온몸을 휘감았으며 찻자리에서도 향의 어우러짐을 즐겼고 양생養生하는 데도 향을 사용했다.

1044~1060년까지 27년에 걸쳐 완성된 《신당서新唐書》〈의위지儀衛志〉에는 당시 귀족과 사대부의 저택에는 섭석躡席과 훈로薰爐, 향안香案이 설치되어야 한다고 기록되어 있다. 집 문턱을 넘을 때 발 딛는 자리인 섭석만큼 훈로와 향안이 중요했다는 것인데, 훈로는 향로의 한 종류이고 향안은 향료를 올려두는 탁자를 말한다. 또 귀부인들은 늘 몸에 향구香球, 향낭香囊을 지니고 생활하였다. 동양의 선조들은 이미 수천 년 전부터 단순히 향을 음미하고 투향하는 향수의 쓰임을 넘어서서 향을 사용해 왔다. 천연 방향 원료인 향을 매개로 인간과 자연이 조화를 이루고, 몸과 마음이 화합을 이루는 향 문화를 창조해 온 것이다. 실로 동양의 향 문화는 지혜로운 옛사람들이 남겨 준 아름다운 예술, 자연과학과 인문과학의 통합이라 할 수 있다.

향과 종교

생활에 두루 쓰였던 향은 종교가 생겨나며 그 쓰임이 체계성을 띠게 된다. 종교마다 사용하는 향의 종류나 사용법은 다르나, 향에 성스러운 의미와 정신을 부여한다는 점은 유사하다.

인류 원시 신앙은 주술呪術 의식이나 제사를 통해 대자연의 신령한 힘을 빌려 심신의 안정을 찾고자 하는 데서 비롯되었다. 무술巫術의 시대에는 지역을 막론하고 무사(현대의 무당과는 다른 의미의 주술사)와 제사祭師(제사를 전문적으로 주도하는 사람) 들이 방향 식물을 사용하여 사람들을 치유하거나 쾌락을 제공하였다. 사람들은 의식에 쓰는 방향 식물들을 신이 내린 신성한 것으로 받들었다. 고대 로마에서는 신상神像의 발밑에 아니스茴芹 같은 향초를 심어 공경하는 마음을 표했다. 불과 화로의 여신 베스타에게 향으로 제를 지냈으며, 향연이 끊기면 로마성이 지옥으로 떨어질 것이라 믿기도 했다. 고대 이집트에서는 방향 식물이 신이 내린 정화精華로 여겼으며 향을 올려 태양신을 받들었다. 또 점성술과 연금술 분야에서 각각 고유의 방향유 처방이 있을 정도였다.

종교가 생겨나면서 무술의 영향력은 점차 감소했다. 종교와 무술의 가장 큰 차이점은, 종교는 선과 악을 규정함으로써 인간이 살아감에 도덕적인 기준을 제시하고, 무술은 목표를 이루는 수단으로써 그 목표의 도덕적 요소와는 관계가 없다는 점일 것이다. 원시 신앙은 여러 신령들을 숭배하는 데 반해, 종교는 하나의 신 또는 몇몇의 주신主神을 숭배하기에 교의와 계율이 명확하며, 같은 맥락에서 향을 사용함에 있어서도 체계를 갖추었다. 따라서 종교에서 사용한 향의 의의를 살펴보고자 한다. 세계 3대 종교인 불교, 이슬람교, 크리스트교와 동양 문화에 핵심적인 역할을 한 유교와 도교 속에서 향의 중요성과 그 가치를 찾아볼 수 있다.

불 교

　불교에서는 예불에서부터 참선, 법회, 전계, 방생 등 모든 활동에서 향을 빼놓을 수 없다. 향을 사용한 의식과 용어도 많다. 신도들이 사찰에 오면 향부터 올리니 신도들을 향객香客이라 하고, 향을 진납하는 것을 경향敬香 또는 진향進香이라 하고, 공덕함에 넣은 보시금을 향전香錢이라 하며, 예불을 올리기 전에 로향찬爐香贊을 읊고, 부처님 전에 향안을 두어 향을 올리고, 좌선하는 시간을 일주향一柱香이라 하고, 그래서 좌선을 좌향坐香이라고도 부르며, 수행하는 곳을 단림檀林이라고 하는 등 향이 들어간 용어가 부지기수이다. 찬불가인 '예불가'에는 향이 첫머리에 들어 있다. "한 줄기의 향으로써 한없는 향운게香雲偈를 지어서 삼보三寶께 올리오니 넓으신 자비로써 받으소서…."

　"계향戒香 정향定香 혜향慧香 해탈향解脫香 해탈지견향解脫知見香…." 조석예불을 올릴 때 반드시 들어가는 오분향례五分香禮이다.

　혜능慧能대사의《육조단경六祖壇經》〈참회품懺悔品〉의 '오분법신향五分法身香'은 부처님이 갖춘 다섯 가지 공덕을 각각 향에 비한다.

1. 계향戒香

마음속에 잘못과 악이 없고 질투도 없고 탐욕, 성냄도 없고 빼앗고 해를 끼침이
없는 것을 계향이라 한다.

2. 정향定香

여러 선악의 모습을 보아도 마음이 흐트러지지 않는 것을 정향이라 한다.

3. 혜향慧香

마음에 걸림이 없고 항상 지혜로써 자기 성품을 관조하여 어떤 악도 행하지 않고
모든 선을 행하면서도 집착하지 않으며 어른을 존경하고 아랫사람을 보살피며
외롭고 가난한 사람들을 어여삐 여기는 것을 혜향이라 한다.

4. 해탈향解脫香

마음이 반연攀緣하는 대상이 없어 선도 악도 생각하지 않으며 자재自在하여
걸림이 없는 것을 해탈향이라 한다.

5. 해탈지견향解脫知見香

마음에 이미 반연할 선악이 없지만 공에 빠져 고요함만 생각하지 않고 널리
배우고 많이 들어서 자기 본심을 알고 부처의 진리를 깨우치되 그 가르침으로
세상을 보는데 아상我相과 인상人相이 없이 바로 보리菩提에 이르는 것을
해탈지견향이라 한다.

부처님께 올리는 육법공양은 향香, 등燈, 차茶, 꽃花, 과일果, 쌀米 등인데, 불단佛壇의 가장 가운데 향을 피우는 향로를 두고, 공양의식을 시작하는 것 또한 향이다. 불교의 공양의 종류와 방법은 다양하며, 당대 지엄智儼과 온고溫古 등이 옮긴 불교서적《대일경의석大日經義釋》의 향화香華, 합장合掌, 예경禮敬, 자비운심慈悲運心의 4종 공양, 밀교密敎의 도향塗香, 화華, 분향焚香, 음식食物, 등명燈明의 5종 공양,《법화경法華經》의 화華, 향香, 영락瓔珞, 말향末香, 도향塗香, 분향焚香, 회개繪蓋, 당번幢幡, 의복儀服, 기락伎樂의 10종 공양 등 많은 기록에서 향 공양은 빠짐이 없다.

7세기 중엽 인도 학승 지바하라가 번역한《대방광불화엄경大方廣佛華嚴經》〈입법계품入法界品〉에서는 번뇌가 없는 경지에 들어가기 위해 어떻게 해야 하는가에 대한 설법 중 다양한 향의 종류와 의미를 상세히 설명한 부분이 있다.

善男子! 人間有香，名曰：象藏，因龍鬥生。

若燒一丸，即起大香雲彌覆王都，於七日中雨細香雨。

若著身者，身則金色；若著衣服，宮殿，樓閣，亦皆金色。

若因風吹入宮殿中，眾生嗅者，

七日七夜歡喜充滿，身心快樂，無有諸病，

不相侵害，離諸憂苦，不驚不怖，不亂不恚，

慈心相向，志意清淨，我知是已而為說法，

令其決定發阿耨多羅三藐三菩提心。

선남자여, 인간 세상의 어떤 향은 상장象藏이라 하는데,

용들의 싸움으로 인해 생기느니라.

환 하나만 사르더라도 금세 커다란 향구름을 일으켜 왕도를 덮고

이레 동안 미세한 향비를 내리는데,

몸에 닿으면 몸이 금빛이 되고

의복이나 궁전이나 누각에 닿아도 모두 금빛으로 변한다.

바람에 날려 궁전 안으로 들어가 중생이 그 향기를 맡으면

이레 동안 기쁨으로 충만하여 심신이 쾌락하고 만병이 사라지며,

서로 침해하지 않아 모든 근심 고통에서 벗어나니

놀라지도 무섭지도 않고 혼란스럽거나 성이 나지도 않으며

자애로운 마음으로 서로를 청정히 하게 되느니라.

나는 그것을 알고 법을 설하여

그들로 하여금 아뇩다라삼먁삼보리심을 내게 하느니라.

善男子! 摩羅耶山出栴檀香, 名曰: 牛頭;

若以塗身, 設入火坑, 火不能燒。

善男子! 海中有香, 名: 無能勝;

若以塗鼓及諸螺貝, 其聲發時, 一切敵軍皆自退散。

善男子! 阿那婆達多池邊出沈水香, 名: 蓮華藏;

其香一丸如麻子, 若以燒之, 香氣普熏閻浮提界,

眾生聞者, 離一切罪, 戒品清淨。

善男子! 雪山有香, 名: 阿盧那;

若有眾生嗅此香者, 其心決定離諸染著,

我為說法莫不皆得離垢三昧。

善男子! 羅刹界中有香, 名: 海藏, 其香但為轉輪王用;

若燒一丸而以熏之, 王及四軍皆騰虛空。

善男子! 善法天中有香, 名: 淨莊嚴;

若燒一丸而以熏之, 普使諸天心念於佛。

선남자여, 마라야摩羅耶산에서 풍겨나는 전단향은

우두牛頭라 하거니와

몸에 바르면 설사 불구덩이에 들어가더라도 불에 타지 않느니라.

선남자여, 바다 속의 어떤 향은 무능승無能勝이라 하거니와

이 향을 북이나 소라껍데기에 발라 소리를 내면

모든 적군들이 다 흩어져 물러가느니라.

선남자여, 아나바달다阿那婆達多의 못가에서 나는 침수향은

연화장蓮華藏이라 하거니와 그 향이 삼씨만 한 크기이더라도

그것을 사른 향기는 염부제 세계에 널리 풍겨서

중생들이 맡게 되면 모든 죄에서 벗어나 계품戒品을 청정히 하느니라.

선남자여, 설산에는 아로나阿盧那라 하는 향이 있는데,

이 향을 맡은 중생은 마음의 모든 염착念着을 여의게 되니

내가 법을 설하면 모두 이구삼매를 얻지 못할 수가 없느니라.

선남자여, 나찰세계에는 해장海藏이라 하는 향이 있는데,

이 향은 다만 전륜왕을 위해 쓰이며,

하나만 사르더라도 왕과 사군四軍이 모두 허공을 나느니라.

선남자여, 선법천善法天에 있는 어느 향은 이름을 정장엄淨莊嚴이라 하거니와

하나만 사르더라도 모든 천자들로 하여금

부처님을 생각하게 하느니라.

수행자가 덕을 쌓아 몸에 향을 바른 듯 향기로움을 뜻하는 '도향塗香'은
《중아함경中阿含經》 15권에 등장한다.

舍利子! 猶如王及大臣有塗身香,

木密, 沉水, 旃檀, 蘇合, 雞舌, 都梁。

舍利子! 如是比丘, 比丘尼以戒德為塗香,

舍利子! 若比丘, 比丘尼成就戒德為塗香者,

便能捨惡修習于善。

사리자여, 왕과 대신들이 몸에 향을 두루 바르는데

그 향은 목밀, 침수, 전단, 소합, 계사, 도량이니라.

사리자여, 이와 같이 비구, 비구니는 계덕을 도향으로 삼느니라.

사리자여, 비구, 비구니가 계덕을 성취하여 도향으로 삼은 자는

곧 악을 버리고 선을 수행하게 되느니라.

향으로 깨달음을 얻는 수행의 내용들도 많이 찾아볼 수 있다.

《능엄경楞嚴經》에서 향엄동자香嚴童子는 향을 통하여 깨달음을 얻고 아래의 글을 남겼다.

初于聞中，入流亡所，所入既寂，動靜二相，了然不生。

如是漸增，聞所聞盡，盡聞不住，覺所覺空。

空覺極圓，空所空滅，生滅既滅，寂滅現前。

忽然超越世出世間，十方圓明。

처음 들을 때 참된 성품으로 대상의 경계를 초월하고,

대상과 들어감이 이미 공적해지고,

움직임과 고요함의 두 모습이 본디 생겨나지 않는 경지에 이른다.

이와 같이 점차 수행이 무르익어 듣는 행위와 듣는 대상이 사라지고,

사라지는 경지에도 머물지 않게 된다.

깨달음과 깨달음의 대상이 공적해져서

공적과 깨달음이 원만한 경지에 이르면

공과 공의 대상이 사라지고

생성과 소멸마저 사라져 공적하고, 열반의 세계가 눈앞에 펼쳐진다.

홀연히 세간과 출세간을 초월하여 원만하고 환한 시방세계가 드러난다.

바람을 거스르지 못하는 꽃향기와 달리 뜻과 성품의 조화를 이루는 수행으로 바람을 거스르는 향, 덕행으로 피어나는 향에 대해 기록한 경전도 있다.

雖有美香花, 不能逆風熏, 不息名㫋檀, 衆雨一切香。
志性能和雅, 爾乃逆風香, 正士名丈夫, 普薰于十方。
木蜜及㫋檀, 青蓮諸雨香, 一切此衆香, 戒香最無上。
是等清靜者, 所行無放逸, 不知魔徑路, 不見所歸趣。
此道至永安, 此道最無上, 所獲斷穢源, 降伏絕魔網。
用上佛道堂, 升無窮之慧, 以此宣經義, 除去一切弊。

아무리 좋은 꽃향기도 바람을 거스르지 못하지만

끊임이 없는 전단향은 세상의 모든 향을 덮는다.

뜻과 성품의 조화만이 바람을 거스르는 향이라네.

성품 바른 선비 장부의 향이 세상 널리 알려지니

목밀과 전단, 푸르른 연꽃과 수많은 향들

이 모든 향 가운데 계의 향이 으뜸이라.

청정한 사람은 행하는 바에 방일함이 없고

마군의 길도 모르며 돌아가는 곳도 볼 수 없다네.

이 도는 영원한 안락으로 인도하는 가장 높은 경지로다.

깨달음을 얻어 더러움의 근원과 마음의 마를 항복시킨다.

불도의 전당에 오르고 무궁한 지혜를 얻었으니

이러한 경전의 뜻으로 온갖 나쁜 것을 없앤다.

_《불설계덕향경佛說戒德香經》중에서

佛在心中，如香在樹中，煩惱若盡，佛從心出。

腐朽若盡，香從樹出，既知樹外無香，心外無佛。

若樹外有香，即是他香，心外有佛，即是他佛。

부처는 마음속에 있으니

마치 향기가 향나무 속에 있는 것과 같다.

번뇌가 사라지고 나면, 부처가 마음에서 나타난다.

썩은 것이 사라지고 나면, 향기가 나무에서 나오니

나무 밖에 향기가 따로 있는 것이 아님을 알 수 있다.

마찬가지로 마음 밖에는 부처가 없다.

만약 나무 밖에 향기가 따로 있다면 그것은 다른 향기이다.

마음 밖에 부처가 따로 있다면 그것은 다른 부처이다.

_ 달마조사達摩祖師《오성론悟性論》중에서

40

인로보살도 引路菩薩圖
청대 불화. 수나라 혹은 당나라 초 복장을 한
귀부인이 오른손에 병향로를 든 인로보살에게
극락세계로 가는 길을 묻고 있다.

《화엄경華嚴經》 중에서 가장 중요한 부분인 《십지경十地經》에 이르기를, '향을 사르는 것은 부처님을 공경하는 뜻이다.'라고 하였다. 마땅히 향을 사를 때에는 경건한 마음과 지극한 발원發願으로 올려야 한다. 향은 세속의 오염을 정화하는 의미를 담아서 '향을 몸에 바르면 오근五根 즉 눈, 귀, 코, 혀, 몸이 청정하여 무량한 공덕을 얻는다.'고도 하였다.

불교에서 향은 불가분의 관계라 할 수 있다. 향을 통해 깨달음을 얻고, 깨달음을 통해 향을 재발견해 왔다. 향은 불교의 역사와 긴 시간을 함께 하였으며, 종교 생활 속에서의 쓰임을 넘어 정신적인 경지에 이르는 데까지 나아갔다.

이슬람교

    이슬람교에서는 향을 천국으로부터 오고 또 천국으로 갈 수 있는 매개체로 본다. 천사와 성인의 영혼은 향을 피우는 곳으로 찾아오고, 향을 피우는 곳에서 길하고 경사스러운 일이 생긴다. 이슬람교는 특히 사향麝香을 최고의 향으로 숭상하고 널리 사용하였다. 사원을 지을 때 횟가루와 사향을 섞어 벽에 발라 늘 향기롭도록 했다. 그 향은 햇볕을 받으면 더 강렬해진다.

    이슬람 경전에도 향로를 사용한 기록이 있다. 향과 관련된 표현을 정확하게 지칭하고자 중국어 자료에서 인용하였다.

聖人有個器皿，專門點香。
성인에게는 기명이 하나 있는데 전문 향을 피운다.
_《탑지塔志》3권 168페이지

이 구절에서 이르는 기명은 향을 피우는 향로를 뜻한다.

聖人登霄時，天使們拿著檀香木的香爐，點著冰片香，麝香迎接聖人。

성인이 구름을 타고 하늘에 오를 때 천사들이 단향목 향로를 받들고 용뇌향을 사르고 사향으로 성인을 맞이한다.

_《노자해도리맥찰리사奴孜海圖里麦札利思》2권 82페이지

聖人說：四件事是所有聖人的聖行；知恥，用香，刷牙和結婚。

성인이 이르길, 네 가지 일은 모든 성인이 갖추어야 할 성스러운 행위이다. 수치를 알고, 향을 사용하고, 이를 닦고, 결혼을 하는 것이다.

_《탑지塔志》2권 254페이지

향을 사용하는 일이 모든 무슬림이 갖추어야 할 훌륭한 성품이며 성인의 품격이라는 뜻이다.

聖人說：你們經常堅持點印度的棍子香，它能醫治七種病症。

성인이 이르길, 너희들은 인도의 막대기향을 늘 사용하여야 한다. 그것은 일곱 가지 병을 치유한다.

_《무슬림성훈집穆斯林聖训集》4권 7장 25페이지

일곱 가지 질병은 성인이 하늘의 뜻을 통해 알게 되며, 이를 치유하는 것이 향임을 말하고 있다.

> 誰若是舉意為了遵行聖人的聖行而在清真寺大殿里點香, 家中點香,
> 身上灑香水, 那麼這是順服真主, 在後世, 他的氣味比麝香還香;
> 誰若是舉意為了今世, 為了顯闊氣, 為了討女人喜歡而點香, 灑香水,
> 那麼這是違抗真主, 在後世, 他的氣味比臭肉的氣味還臭。
>
> 누구든지 성인은 성행을 받들고 지키고자 청진사 대전에서 향을 피우고 집에서 향을 피우며 몸에 향수를 뿌리며, 이로써 알라신께 순종하고 복종하는 것인지라. 그 후세에 그의 냄새는 사향보다 향기로울 것이다. 그러나 누구든지 이생에서 사치를 드러내고 여인의 환희를 사고자 향을 피우고 향수를 뿌리면 알라신의 뜻을 거스르는 것으로 후세에 그의 냄새는 썩은 고기보다 더 고약할 것이다.
>
> _《태부서륵극비일太夫西勒克比日》1권 679페이지

이렇듯 이슬람에서도 향을 통해 좋은 성품을 지키고자 하였으며, 수행을 통해 진정한 향이 나는 경지에 이르는 것을 권면하고 있다.

크리스트교

성경에는 유향과 몰약에 대한 기록이 유난히 많다. 크리스트교에서는 향을 신성하게 여겨 신의 제사에 올리고, 사람들을 치유하는 약으로 쓰며, 축복하는 용도로 쓰기도 했다. 현재 크리스트교에서는 불교나 이슬람교에 비해 향을 많이 사용하지는 않지만, 아기 예수가 태어났을 때 별을 보고 찾아온 동방박사들이 유향과 몰약을 가져와 바친 이야기는 유명하다.

> 집에 들어가 아기와 그의 어머니 마리아가 함께 있는 것을 보고 엎드려 아기께 경배하고 보배합을 열어 황금과 유향과 몰약을 예물로 드리니라.
> _《마태복음》2장 11절

예수가 대어나기 훨씬 이전에 기록된 구약에는 하나님께 제사를 지낼 내 제단에 향을 뿌리고 향을 올리도록 기록되어 있다. 향이 신령한 소통의 매개체로 쓰인 것이다.

여호와께서 모세에게 또 말씀하여 이르시되 너는 상등 향품을 가지되 액체 몰약 오백 세겔과 그 반수의 향기로운 육계 이백오십 세겔과 향기로운 창포 이백오십 세겔과 계피 오백 세겔을 성소의 세겔로 하고 감람기름 한 힌을 가지고 그것으로 거룩한 관유를 만들되 향을 제조하는 법대로 향기름을 만들지니 그것이 거룩한 관유가 될지라.

_《출애굽기》30장 23-25절

고대 유대인들은 병든 자를 치료하는 데 향을 사용했음을 엿볼 수도 있다.

길르앗에는 유향이 있지 아니한가. 그 곳에는 의사가 있지 아니한가. 딸 내 백성이 치료를 받지 못함은 어찌 됨인고.

_《예레미야》8장 22절

처녀 딸 애굽이여 길르앗으로 올라가서 유향을 취하라. 네가 치료를 많이 받아도 효력이 없어 낫지 못하리라.

_《예레미야》46장 11절

또 신성하고 좋은 징조가 보이는 것을 향나무나 향으로 표현한 것으로 보아, 향이 세상에 좋은 기운을 전파하고 사람들을 즐겁게 한다고 여긴다.

그 벌어짐이 골짜기 같고 강가의 동산 같으며 여호와께서 심으신 침향목들 같고 물가의 백향목들 같도다.

_《민수기》 24장 6절

왕의 모든 옷은 몰약과 침향과 육계의 향기가 있으며 상아궁에서 나오는 현악은 왕을 즐겁게 하도다.

_《시편》 45편 8절

불교나 이슬람교처럼 향을 통한 수행을 강조하진 않으나, 크리스트교에서도 향을 귀하고 좋은 것으로 여기거나 혹은 신령한 의미로 사용해 왔음을 알 수 있다. 지금도 크리스트교 가운데 천주교, 동방정교회 등은 여전히 종교의식에서 향을 사용한다.

유 교

　종교로서의 색채는 미비하나, 유교와 도교는 동양에서 거대한 영향을 미친 정신적 흐름이다. 유교는 유가儒家 또는 유학이라고도 칭한다. 주대의 예禮와 악樂의 전통을 이어 인仁과 서恕, 성誠, 효孝를 가치로, 군자의 도덕수양을 강조하여 인과 예를 융합한 학술로서 춘추 말기 공자가 창시하여 맹자, 장자 등을 통해 사상체계를 이루었으며, 동양뿐 아니라 세계적으로 영향력 있는 사상이다.

　불교에서는 향으로 수행에 이르는 경지를, 유교에서는 향으로 사람의 덕행을 노래한다. 유교에서는 예로부터 늘 정진하는 맑은 선비가 사는 곳에는 난과 창포의 은은한 향이 나고 악하고 지저분한 사람이 사는 곳에는 잡스런 냄새가 난다고 했다.

　《공자가어孔子家語》〈육본陸本〉에는 덕행의 향기에 관한 구절을 여럿 찾아볼 수 있다.

子曰

芝蘭生于深林, 不以無人而不芳。

君子修德立德, 不爲窮困而改節。

공자 이르기를

지芝와 난蘭은 깊은 숲에서 자라 사람이 없어도 향기를 잃지 아니하고

군자는 덕을 쌓고 수행함에 가난할지라도 절개를 잃지 아니한다.

與善人居, 如入芝蘭之室, 久而不聞其香, 即與之化矣。

선량한 사람과 같이 살면 지란芝蘭이 가득한 집에 들어온 듯

오래되면 그 향을 맡지 않아도 품성이 그와 같이 변한다.

至治馨香, 感與神明。

黍稷非馨, 明德惟馨。

안정되고 창성하는 세상의 향내는 하늘에 감사하고

오곡 제물의 맛보다는 광명한 덕행의 향기가 좋다.

주희朱熹의 《주역본의周易本義》〈서의筮仪〉에는 점괘占卦 전 분향焚香에 대해 상세한 설명이 되어 있다.

置香爐一格南，香合一于爐南，日炷香致敬。

將筮，則灑掃拂拭，滌硯一注水，及筆一，墨一，黑漆板一，

于爐東，東上，筮者齊潔衣冠背面，盥手焚香致敬。

향로를 남향에 설치하고 향합은 향로의 남쪽에 두고 매일 향을 올린다.

점을 시작할 때 주변을 깨끗이 청소하고 벼루를 씻고 연적에 물을 더해,

붓 하나, 먹 하나, 칠판 하나를 향로의 동쪽 혹은 동쪽 위로 배치한다.

서자筮者[5]는 옷매무시를 깨끗이 하고 북쪽을 향하여 손을 씻고 분향하며

경의를 표한다.

향은 유학자들의 심성을 양성하며 자연과 인성의 화합, 그리고 인문정신과 철학사상의 형성에도 중요한 작용을 하였다.

《시경詩經》, 《상서尚書》, 《예기禮記》, 《주례周禮》, 《좌전左傳》 등 고서들에 무수히 기재된 내용들을 보면, 유교 문화는 덕행을 향으로 승화시켰으며 각종 향초들에 도덕적인 특징들을 부여하기도 했다. 난蘭의 고결함은 군자를 뜻하고, 국화는 은사隱士, 연蓮은 청렴함에 비유하여, 향을 도덕적 행위의 표준으로 삼고 고상한 품행을 가진 사람에게는 그 본성의 향이 난다고 여겼다. 향을 지니는 것으로 도에 어긋나는 일을 하지 말고 군자를 가까이 하며 소인을 멀리하라는 경계로 삼았다.

5) 점괘를 행하는 사람

향에 이끌린 경지를 노래한 시와 문장들도 많다. 시인들은 품향品香을 즐겨 하였으며 이를 제재로 문학적 표현을 많이 남겼다. 송나라 엄우嚴羽가 지은 《창랑시화滄浪詩話》〈시변詩辯〉에서는 향의 깊고도 아름다운 세계를 다음과 같이 표현한다.

故其妙處, 透徹玲瓏, 不可湊泊,

如空中之音, 相中之色, 水中之月, 鏡中之像,

言有盡而意無窮。

그 오묘함은 투명하고 영롱하여

하늘에서 들리는 소리, 형상 중의 색채, 물속의 달, 거울 속의 형상과 같이

언어로 다할 수 없으며 뜻은 무궁무진하다.

도교

　도교는 굴원屈原의 《정기설精氣說》로부터 사상적 기반을 구축하였다.
향 사용의 기초 또한 굴원이 향을 통해 수련修煉하며 마련되었다. 신선神
仙을 추구하는 도교의 방술方術을 닦으려면 선약을 먹고服仙藥, 외단을 제
련하며提煉外丹, 기를 연마하고鍊氣, 도인하고導引, 내단을 수련하는內
丹修鍊 등의 방법이 있다고 소개한다. 선약과 단약丹藥을 만드는 데는 다
양한 향이 들어가며 황제黃帝의 의술을 이어받은 도교의 향방은 또한 약방
이었다. 손오공이 태상로군太上老君의 금단을 훔쳐 먹고 옥황상제의 벌을
받아 오지산에 깔려 있다는 도교의 전설에서 시작해 서역으로 불교 경전을
구하러 가는 삼장법사의 이야기로 엮이는 《서유기西遊記》에서는 단약에 관
한 내용을 무수히 찾아볼 수 있다.
　진晉나라의 학자인 포박자抱朴子 갈홍葛洪은 《포박자抱朴子》〈내편內
篇〉에서 신선의 법을 설명하고 도덕과 정치를 논하면서 향의 사용과 향의
효능 등을 상세한 내용으로 설명하였다.

　香可驅江南山谷毒蟲之説;

若帶八物麝香丸，及度世丸，及護命丸，及玉壺丸，及犀角丸，及七星丸，
皆辟沙虱短狐也。若卒不能得此諸藥者，但可帶好生麝香亦佳。

강남 산골짜기의 독충은 향으로 쫓는다는 설이 있다.

팔물사향환, 도세환, 호명환, 옥호환, 서각환과 칠성환을 지니면 독충을
물리친다. 위의 여러 약을 얻지 못하면 생사향을 지니어도 좋다.

도교에는 천제天帝에게 올리는 제사에서 쓰이는 향이 있는데, 신을 부
르는 그 향을 강진향降眞香이라 이름하였다.

《해약본초海藥本草》에서는 강진향의 효력을 크게 칭송했다.

拌合諸香，燒煙直上，感引鶴降。

醮星辰，燒此香為第一，度籙功力極驗。

여러 향과 배합하여 태우면 연기가 하늘에 닿아 신선의 학을 부를 수 있다.

하늘과 별에 제를 지낼 때 이 향을 사름이 제일이라, 공력이 극히 영험하다.

당나라 시인 소악蘇鶚은 《두양잡편杜陽雜編》을 써서 당대의 일과 역사
를 기록하였는데, 신선에게 향을 사르는 내용 또한 담고 있다.

武宗好神仙術，起望仙臺以崇朝裏，

復修降真台，焚龍火香，薦無憂酒。

당무종唐武宗 이염李炎은 신선술을 유난히 좋아하여

신선이 사는 곳을 바라보며 조사[6]를 임하고,

항진대를 재건하여 용화향을 사르고, 무유주를 바쳤다.

《전진전후집全真前後集》을 재편한 도교 전진교全真教의 중양조사重陽祖師 왕중양王重陽의 《담사행踏莎行 영소향咏燒香》에서도 도교의 향을 설명하였다.

身是香爐，心同香子，香烟一性分明是。

依時焚透昆侖，緣空香裊祥瑞。

이 몸은 향로요 마음은 향이니, 향연은 성품이 분명하구나.

이즈음에 곤륜산을 향연으로 가득 채우니,

허공에 하늘하늘 상서로운 기운을 드러내누나.

도교는 1800여 년 역사를 지닌 중국 본토의 종교로, 도를 최고의 신앙으로 삼는다. 신선을 숭상하는 관념과 황제黃帝, 노자老子의 도가사상을 근거로 전국시대 이전의 신선방술을 전승하여 형성된 만큼, 향을 사용하는 데 있어서도 매우 길고 밀접한 역사를 지니고 있다.

6) 조정朝廷에서 하는 일

중·한·일 향 사용의 역사

향은 아주 오래 전부터 냄새를 없애거나 벌레를 쫓기 위해 쓰이기도 하고 음식의 재료나 목욕제로 사용되기도 하였다. 또 병을 예방하거나 치료할 때 활용되기도 하였으며 의례儀禮를 행하거나 사기邪氣를 막는 데도 쓰였다. 특히 동양에서는 향이 후각을 넘어서 오감 만족을 이끌어 내며 나아가 마음을 가라앉히고 도를 닦고 덕을 쌓는 정신 경지에까지 도달케 하는 중요한 수단으로 쓰였다. 향 문화는 중국에서 한국과 일본으로 전해졌으며, 송나라의 융성한 향 문화에 뿌리를 두고 지금은 각기 재해석하여 현대에 이르고 있다. 세 나라 모두 역사 속에서 향과 관련된 기록을 많이 찾을 수 있으나, 특별히 생활과 문화 속에서 향이 어떻게 사용되었는지에 초점을 맞춰 살펴보고자 한다.

중국

선진 先秦

향 문화의 향연은 중국 상商나라 이전 신석기 시대로 거슬러 올라간다. 사람들은 이미 향초香草와 향목香木과 제품祭品을 태워 하늘에 제를 지내고 있었다. 4000여 년 전의 어느 정월의 길일에 요堯의 태조종묘에서 순舜이 요堯에게 제위帝位를 물려받는다. 《상서尙書》〈순전舜典〉에 기재된 한 대목이다.

正月上日, 舜受終於文祖。在璿璣玉衡, 以齊七政。肆類于上帝, 禋于六宗, 望于山川, 遍于群神。輯五瑞。既月乃日, 覲四岳群牧, 班瑞于群后。歲二月, 東巡狩, 至於岱宗, 柴。望秩于山川, 肆覲東后。

정월의 어느 길일吉日을 택하여 순舜은 요堯의 태묘에서 책명을 받든다. 그는 북두칠성을 관찰하고 일곱 가지 정사를 정리하며 천제에게 제위帝位를 계승하는 뜻을 올렸으며 천지天地와 산천山川과 군신群神들에 제를 올렸다. 제후諸侯들의 다섯 가지 귀옥圭玉을 얻어 길월길일을 택하여 사방 제후諸侯와 군장들을 조견朝見하고 귀옥을 나누어 준다. 그해 이월에 순은 동방을 순시하며 태산泰山에 올라 시제柴祭를 올리고 기타 산천에도 제를 올리며 지위존비地位尊卑의 순서대로 제례를 거행하면서 동방 제후들을 조견하였다.

고고학적 가치가 높은 유적 발굴에서도 향 사용의 증거를 찾아볼 수 있다. 중국 제일의 고성 유적지 호남성湖南省 성두산城頭山에는 6000년 전 섶을 태워 제를 지냈던 제단이 남아 있다. 4000~5400년 전 황하와 장강유역의 고대 문화인 양저문화良渚文化에서 사용된 것으로 추정되는 훈향로薰香爐 도기陶器가 발굴되기도 했으며, 그 시기에 시제는 비교적 보편화된 것으로 보인다.

주나라 때는 궁중에서 제사를 지낼 때 필히 향을 사용하였다. 하늘에 제를 지낼 때 연기를 올려 보내는 의식을 '인禋' 또는 '인사禋祀'라 하는데, 《시경詩經》에 '維淸緝熙, 文王之典, 肇禋; 迄用有成, 維周之禎' 즉, '문왕이 주나라를 개척하여 얼마나 영광스러운가, 하늘에 연기를 올려 제를 지내니 주왕조가 대길하리다.'라는 기록이 있다.

유교 5경의 하나로, 인간의 행동에 관한 규범을 다루고 있는 《예기禮記》의 〈내칙內則〉편을 보면 '男女未冠, 筓者, 雞初鳴, 鹹盥漱, 枡, 縱, 拂髦, 總角, 衿纓, 皆佩容臭, 昧爽而朝.' 성년이 되지 않은 남녀가 연장자를 만날 때는 이른 새벽에 먼저 양치를 하고 손을 씻고 머릿결을 정결하게 하고 옷고름을 잘 여미고 용취容臭라고 불리는 향낭을 지니라고 하였다.

1 제갈독서도 讀葛諸書圖

　　명나라 주유돈朱有炖이 춘추전국시대의 제갈공명이 독서하는
　　모습을 그린 것으로, 서탁에 향로가 놓여 있다.

2 수명문종 兽面紋綜

　　1936년 항주시에서 출토된 양저문화의 옥훈로이다.

3 미백력 微伯鬲

　　서주西周 궁중에서 제사 지낼 때 쓰던 향로로 1976년 섬서성
　　부풍현에서 출토되었다. 서주는 기원전 1045년 주문왕의 아들 주무왕이
　　상商나라를 멸하고 건설하여 275년의 역사를 가진 왕조이다.

춘추전국 시대에는 훈로薫爐와 훈향薫香 풍습이 유행하기 시작했다. 사대부에서 일반 백성까지 모두 몸에 향을 지니고 생활하였다. 향초, 향낭은 몸을 향기롭게 하며 사기邪氣를 없애고 병을 예방하고 습을 제거하여 역병이 많은 남방 지역에서 더욱 성행하였다. 이는 당시 정치가이자 시인이었던 굴원屈原의《이소離騷》에서도 확인할 수 있다.

紛吾旣有此內美兮，又重之以修能。

扈江离與辟芷兮，紉秋蘭以爲佩。

나는 비록 아름다운 품행을 타고 났으나

또한 우수하고 숭고한 품행을 부단히 수행하련다.

강리江离⁷⁾와 벽지辟芷⁸⁾를 몸에 걸치고

추란秋蘭을 꿰어 허리 장식하리.

선진先秦 때는 변방지역과 침향沉香, 단향檀香, 유향乳香 등 해외의 향료들이 내륙으로 들어오지 못하였기 때문에, 훈향薫香에 사용되는 향료도 현지에서 나는 향초香草, 향목香木을 주로 사용하였다. 또한 북방에서도 난蘭, 혜蕙, 애소艾蕭, 욱울, 초椒, 지지芝, 계桂, 목란木蘭, 모茅, 사향麝香 등 향초들이 풍부했다.

7) 얕고 깨끗한 물가에 나는 향기로운 풀
8) 깊은 산에서 자라는 향기로운 풀

진한 秦漢

진秦나라 때는 이미 향기로 양생하는 관념으로 훈향의 진정한 가치가 형성되었다. 향기는 향기로운 것에 멈추지 않고 덕행을 다스리는 것으로, 향후 향 문화의 내적 아름다움을 추구하는 특색과 핵심이 된다.

《시경詩經》,《상서尚書》,《좌전左傳》,《초사楚辭》,《산해경山海經》 등 고서에서 방향식물에 대한 수많은 기록을 찾을 수 있다.

《산해경》은 전국 시기의 작품 14권과 서한초의 4권으로 이루어진 18권으로, 정확한 연대와 작가에 대한 기록이 없는 기서奇書이다. 민간 전설에 떠도는 지리, 산천, 광물, 민족, 물산, 약물 등에 대한 지식이 총망라된 책이다. 《산해경》에서 약용으로 쓰이는 향초 이야기를 하나 살펴보자.

又東七十里, 曰脫扈之山。

有草焉, 其狀如葵葉而赤華, 莢實, 實如棕莢,

名曰植褚, 可以已疒鼠, 食之不眯。

동으로 칠십 리를 가면 탈호라는 산이 있다.

기이한 향초가 있는데 그 모양은 해바라기 잎처럼 크고 노란 꽃이 피고 씨앗 같은 열매가 달리는데 그 이름은 식처植褚로 우울함을 치유하며 악몽을 예방한다.

진秦나라의 통일은 중국 봉건사회의 발전에 튼튼한 기초를 세웠다. 서한西漢에 들어서 한나라는 이미 동방의 강대한 제국으로 발전하였다.

양한兩漢 시기의 훈향 풍습은 왕실과 귀족을 대표로 한 상류사회에서 성행하였다. 실내를 훈향하고薰香, 옷을 훈향하고薰衣, 이불을 훈향하며薰被, 연회에 향을 쓰기 시작한다. 훈로薰爐와 훈롱薰籠은 광범위하게 사용되었으며 박산로博山爐를 대표로 정교하고 아름다운 향로들이 출현한다.

박산은 그 시대 도기를 만드는 주요 산지로, 신선이 산다는 선산 3곳 중의 한 곳이기도 하다. 박산을 향하여 수행하면 신선이 된다는 설에 의해 한무제가 박산로를 만들었다는 전설도 있다. 박산로는 《산해경》에 나오는 박산의 모양을 형상화한 것으로, 궁중에서 실내 훈향에 사용하였다.

현대에 발굴된 서한 중기의 왕릉에서 많은 훈로와 훈롱 등 향로와 향료들이 출토되었다. 섬서무릉陝西茂陵에서 출토되어 현재 산서역사박물관에 진열되어 있는 유금은고병죽절훈로鎏金銀高柄竹節薰爐는 궁중에서 사용되다가 위정과 평양공주에게 하사한 결혼 선물로 그 시대 유행했던 향로의 형태 중 한 가지이다. 또 한나라의 영토가 넓어짐에 따라, 나라 밖에서만 생산되던 침향沉香, 청목향靑木香, 소합향蘇合香, 계사향鷄舌香 등 다양한 향료 사용이 더욱 방대해진다.

한나라 때 향 사용의 특징 가운데 하나는 궁중에서 관련 제도가 정리되었다는 것이다. 동한의 학자 응초應劭가 궁중 관직의 제도와 문물, 궁중예절, 능묘규제 등을 모아 동한 말에 완성한 저서 《한관의漢官儀》에는 '상서랑이 황제에게 아뢰기 전에 궁녀가 향로를 들고 훈향하며, 황제에게 아뢸 때에는 입에 계사향을 물어 몸에 그 향이 그윽해야 한다.' 등 궁중의 향 제도가 상세히 기록되어 있다. 또 한나라 신하들은 입조 전에 관복을 훈향하고 향을 지니도록 했다.

또한 생활 속에서 향이 광범위하게 사용되었다. 옷이나 이불을 훈향했는데 이는 사치스럽기는 하나 사기를 없애는 양생 방법이기도 하였다. 출토된 향로들은 대개 훈로薰爐, 훈롱薰籠인데 묘에서 출토된 자리로 보아 연회 중에 많이 쓰였던 것으로 보인다. 초기의 박산로는 운무가 감도는 선산仙山에 신선神仙이 노니는 모습의 대형 향로이기는 하나 실제로 일상생활에 쓰였다.

훈향으로 사기를 없애는 것도 한나라 향 사용의 큰 흐름이었다. 《태평어람太平御覽》은 송대 이전의 천지만상을 55부로 나누어 1천 편으로 기록한 서적인데, 그 가운데 동한東漢의 진가秦嘉가 부인에게 쓴 서신에서 향 사용의 목적을 찾아볼 수 있다. '좋은 향 네 가지를 각 한 근씩 보내니 가히 불결한 것을 막을 것이다. 오늘 사향 한 근을 보내니 가히 악귀를 피하리라.' 사향은 그 시대에도 진귀했지만 이미 효능이 검증되어 널리 쓰였던 것이다.

이미 훈구薰球도 사용되었다. 《서경잡기西京雜記》에는 장안의 장인인 정완丁緩이 '피중향로被中香爐'의 발명자로 그 시기 유행을 끌어갔다고 나온다. 피중향로란 이불 속 향로란 뜻이다. 향로가 사방으로 돌아가나 몸체는 평행을 잡아 이불 속에 넣어둘 수 있게 만든 것으로, 당시 침실의 유행을 이끌었다. 은이나 동 등 금속으로 만들어진 훈구로 크고 작은 3개의 작은 구가 축에 걸려 있고 가장 작은 구에 훈향을 한다. 훈구가 중력의 작용으로 평형을 유지하여 향이 쏟아지지 않는다. 훈구는 당대에도 많이 쓰였으며 명청 시기에도 제작하여 사용하였다. 그 제작법은 상당히 뛰어나 지금도 옛 수준으로 재현하지는 못할 정도다.

《이물지異物志》는 동한東漢 양부楊孚가 쓴 특수한 저서로, 당시 주변 지역과 국가의 풍속, 자연환경, 자원, 생산물, 역사, 전설, 사회 문화 등을 다방면에 걸쳐 기록하고 있다. 향을 만드는 법에 대한 기록도 있다.

목밀향木密香은 향복이라 하며 천년을 살고 뿌리는 본디 크다. 잘라서 두면 사오 년 후 세월이 지나면서 약한 것은 썩고 결이 견고하고 향기로운 것만 남는다.

한성제漢成帝의 황후 조비연趙飛燕과 그 자매들의 궁중 생활을 적은 《조후외전趙后外傳》은 《비연외전飛燕外傳》이라고도 하는데, 황궁의 여인들이 사용한 향 이야기가 나온다.

한성제가 조비연을 황후로 책봉하자 황제의 총애를 받고 있던 여동생 조합덕趙合德은 황후가 될 언니에게 35가지의 선물을 보내는데 그 중에 청목향靑木香, 침목향沉木香, 구진웅사향九眞雄麝香과 오층금박산로五層金博山爐 등이 있었다. 또 조합덕은 특별히 훈향을 좋아하여 자리에 앉을 때 여러 가지 향을 배합하여 쓰는데, 잠깐 앉았던 자리에도 그 여향이 백일이 지나도록 가라앉지 아니했다.

동한東漢 중후기에 이르러 문인 사대부들은 문화생활과 인생 경험을 중시하기 시작한다. 열정이 넘치는 한대의 시와 산문에는 그 시대 생활과 감정을 향초, 향목에 빗댄 구절들이 무수히 많다. 서한西漢 초楚나라의 경학가이자 문학가인 유향劉向이 쓴《훈로명薰爐銘》에는 다음과 같은 구절이 있다.

嘉此正器，嶄岩若山，上貫太華，承以銅盤，中有蘭綺，朱火靑烟。
이 바른 기물을 찬양하노니
가파른 바위가 산인 듯 하늘을 찌르는구나.
위로 태화9)를 꿰뚫고 구리 쟁반에 받치어
난기10)를 사르니 붉은 불빛에 푸른 안개가 감돌구나.

서한의 사부가辭賦家이며 중국 문학사의 걸출한 대표인 사마상여司馬相如 또한《미인부美人賦》에서 다음과 같은 기록을 남겼다.

9) 서악西岳 화산华山를 뜻한다.
10) 향초를 뜻한다.

한 · 박산로

寝具卽設，服玩奇珍，金鉏薰香，繡帳低垂。

침구가 잘 설치되었으니, 화려한 의상에 보석과 장식품, 금향로에 훈향을 하며 수놓인 휘장이 낮게 드리워져 있다.

중국 문화에 거대한 영향을 가져온 불교는 서한 시기에 들어왔다. 불교는 좌선, 송경, 불공 시에 대량의 향을 사용하였다. 이른 시기의 도교도 향과 깊은 관계가 있다.

황제시기의 단약을 제련하는 방법을 기록한 《황제구정신단경黃帝九鼎神丹經》에는 신령한 의식 전에 향을 사용했음을 알려 준다.

沐浴五香，燒香再拜，齋戒沐浴五七日，焚香。

연단전煉丹前 오향[11]에 목욕하고, 향을 피운 다음 절을 올린다,

목욕재계 5~7일시 분향한다.

위진남북조 魏晉南北朝

위진남북조는 중국 역사상 정세가 가장 불안한 시기였다. 이런 빈번한 정권의 변화로 인하여 불교선종佛敎禪宗, 도가道家, 유가儒家, 현학玄學 등 다양한 사상들이 충돌과 융합을 이루었다. 사람들은 열정이 넘치고 사

---

11) 다섯 가지 향료를 넣어 욕탕에서 목욕하는데, 이때 향 재료의 배합 방법은 도교의 분파에 따라 다르다.

상은 자유롭고 지혜를 충분히 표현할 수 있어 문화는 전에 없던 발전을 이루게 되어 '예술 정신이 가장 뛰어났던 시기'라고 말할 수 있다. 이 시기의 미학은 선진시기 정치, 윤리, 도덕을 중심으로 한 정신세계로부터 미와 예술 그 자체의 연구로 바뀌면서 자연인의 개성, 취미 등이 최초로 존중 받으며 독립적인 지위와 가치를 인정하였다. 위진풍도魏晉風度, 죽림칠현竹林七賢, 산수시山水詩, 산수화山水畵 등의 출현은 이런 변화를 그대로 반영한 것이다.

또한 이 시기 육조의 궁중과 상류 사회의 향 사용은 양한 시대를 초월한다. 당시 천하갑부 형주척사荊州刺史 석숭石崇은 하양河陽 땅에 금곡별서金谷別墅를 두고 연회를 자주 베풀었는데 화장실에도 침향수와 갑전분甲煎粉을 뿌려 냄새를 없앴다고 한다. '용모가 아름다운 십여 노비가 줄을 서서 갑전분, 침향수를 뿌렸으며 화장실을 사용한 자에게는 새 옷을 바꿔 입게 하니 객은 모두 탈의를 부끄러워했다.'

또 수양제隋煬帝는 제야 때마다 궁전 앞이나 궁실 각 정원에 침향을 산처럼 쌓은 더미를 수십 개씩 만들어 태웠다. 이 더미들에 갑전으로 불을 붙이니 화염이 몇 길이나 치솟고 향이 수십 리까지 퍼졌다고 한다. 하룻밤에 태운 침향이 이백 수레, 갑향이 이백 석이 넘었다고 한다. 이렇게 화려한 분향은 중국 역사상 유일하게 수양제뿐이다. 현대 사람들은 향을 여성들의

1 **유금은훈구** 鎏金银薰球

　훈구는 한대에서 사용하기 시작해 후대로 전해졌다.

　유금은훈구는 당대에 사용하던 것으로 서안 법문사에서 출토되었다.

2 **천추절염도** 千秋絶艶圖

　춘추전국시대, 진한대, 당대까지 천 년 동안 있었던 절세미인 73인의

　생활을 그린 그림으로, 향로 안에 향을 더하는 모습 등

　향 생활을 즐기는 모습을 볼 수 있다.

69

전유물로 여기는 경우가 많지만, 예전에는 오히려 남자들의 풍류와 풍격의 상징이었다.

삼국지의 조조曹操는 생활이 검소하여 식구들에게 향을 지니거나 훈향하는 것을 금하였다는 미담이 지금까지 전해 내려온다. 그러면서도 제갈량諸葛亮을 몹시 존경하여 선의를 표하기 위해 계설향鷄舌香 5근과 서신을 보냈다고 하니, 그 시대 왕공들의 향에 대한 집착을 가히 짐작할 수 있을 것이다.

서진西晉에는 '한수투향韓壽偸香'이라는 흥미로운 이야기가 있다. 서진의 권신 가충賈充의 딸 가오賈午는 가충의 장교 한수韓壽의 준수한 모습에 반하여 황제가 하사한 가보인 서역西域의 기이한 향을 훔쳐 한수에게 선물하였다. 몸에 잠시만 지니어도 며칠간 흩어지지 않는 향이었다. 그 향기를 맡은 가충은 한수를 의심하다가 둘의 정을 알고 혼례를 시켰다.

육조六朝 시대에는 여러 가지 향을 배합하여 만든 합향이 이미 광범하게 사용되었다. 향은 향기를 맡는 데만 그치지 않고 미용, 의료, 양생에 쓰였다. 남북조의 본초전집인 《명의별록名醫別錄》에는 침향沉香, 단향檀香, 유향乳香, 정향丁香, 소합향蘇合香, 청목향靑木香 등 수많은 향료에 관한 효능과 사용법이 기록되어 있다.

육조 시대 불교의 발전도 향의 사용을 대폭 촉진시켰다. 두목杜牧의 시

詩에는 '南朝四百八十寺, 多少樓臺烟雨中' 즉, 남조의 사찰 480곳에서 비와 안개에 쌓인 누각은 향이 끊이지 않는 산중 고찰의 모습을 떠오르게 한다고 했다. 양조梁朝의 도성都城 건강建康(현재 남경南京)에만 사원이 수백이요, 승려가 수만이었다고 하니, 불교의 향 사용은 그 시대 사용량의 반을 넘었다고 해도 과하지 않을 것이다.

도교도 남북조 시대에 가파르게 발전하여 경전, 계율, 조직이 명확하게 정리되었으며, 득도한 도인들이 많이 생겼고, 《태평경太平經》, 《황정경黃庭經》, 《포박자抱朴子》등 중요한 서적들도 썼다. 초기 도교는 향 사용을 강조하였다. 《삼국지三國志》〈손책전孫策傳〉에도 '오나라에 와서 정사를 세우고 향을 피우고 도서를 읽으며 부수를 제작하여 병을 고치고'라고 쓰여 있는 등 도교의 향 사용에 관한 내용이 많이 거론되어 있다.

당 唐

당나라는 번영한 경제와 개방된 사회가 문화예술 발전의 든든한 기반이 되어 시와 노래의 천국이었다. 발달된 육로와 해상 무역은 중국과 해외 향료의 무역을 상당히 편리하게 했다. 풍부한 향료 공급은 제작도 더 다양해지도록 했으며, 다양한 향품은 아름다운 향도구를 만들어 내고, 어디를 가나 피어오르는 향연과 심금을 울리는 시구를 읊는 문인들의 목소리가 가득해 대당성세大唐盛世의 기상은 말 그대로 대단하였다.

향료는 당나라의 많은 군의 특산품이 되기도 했다. 흔주忻州 정낭군定襄郡에서는 사향麝香이 나고, 태주台州 임해군臨海郡과 조주潮州에서는 갑향甲香이 나며, 영주永州 영릉군零陵郡에서는 영릉향零陵香이, 광주廣州 남해군南海郡에서는 침향沉香과 갑향이 대량 생산되었다.

기록에 따르면 당나라 황제가 궁중에서 행차를 하면 먼저 용뇌, 울금을 깔았고, 선종宣宗 때에야 이런 규정을 폐하였다고 한다. 당唐 경종敬宗 이담李湛의 《풍류전風流箭》에는 황실에서 이색적으로 향을 사용한 모습도 기록되어 있다. '당 경종은 종이화살을 만들고 대나무궁으로 종이 속에 용뇌와 사향가루를 담아 후궁들이 모이면 그 활을 쏘았다. 맞은 자는 농향이 몸에 묻을 뿐 전혀 아프지 않았다.' 하여 풍류화살을 서로 다투어 맞기를 원했다고 한다.

당唐 중기中期 종초객宗楚客 형제, 기처납紀處納, 무삼사武三思와 황후 위씨韋氏는 서로 명향을 가져와 좋고 나쁨을 비기면서 아회雅會를 하였는데 이를 투향이라 하였다.

생활향의 품목이 매우 다양해졌으며, 입에 물어 향기가 나게 하는 향환의 품종도 많아졌다. 당대 개원開元 천보天寶 재위의 기이한 물품과 전설,

궁중의 칠석七夕, 한식寒食 계절 풍습과 귀족들의 생활을 엮은 고서 《개원천보유사開元天寶遺事》에는 '영왕寧王은 고귀하고 사치하여 빈객과 만날 때마다 먼저 침향과 사향을 씹고야 입을 열어 향기가 만석에 그윽하다.'는 기록이 있다.

황실의 호화스러운 생활 외에 궁중 제도 중에서도 향은 중요했다. 조상에 제를 지내거나 장례 시 또는 과거시험장이나 정무 장소에까지 분향을 하였다. 중국 북송의 자연과학 공예기술과 사회역사현상을 기록한 종합 기록물인 《몽계필담夢溪筆談》에는 '당대의 진사가 시험을 볼 때 예부공원에서 진사 시험 날 계단 앞에 향안을 설치하고 조사朝士와 거인擧人이 마주 인사를 올린다.'는 기록이 있다. 이 제도는 송대까지 계속된다.

당대에는 향의 형태가 다양했다. 향환香丸, 향병香餠, 향분香粉, 향고香膏 등 이런 향품은 모두 숯불에 훈향한다. 중후기에는 숯을 사용하지 않는 향품인 인향印香, 향주香炷 등이 생겨났다. 인향은 도안이 있는 틀에 향을 넣어 태우는 향전香篆을 말한다. 왕건王建은 〈향인香印〉이란 시도 남긴 바 있다.

閑坐燒印香, 滿戶松柏氣. 火盡轉分明, 靑苔碑上字.
한가로이 인향을 사르니 송백향이 뜰 안에 감도는구나.
꺼진 불을 보아 하니 이끼 가득한 비문인 듯 선명하구나.

이상은李商隱의 〈칠율무제이수七律無題二首〉에 나오는 '一寸相思一寸灰' 즉, '한 도막 그리움은 한 도막 재가 되는구나.'에서 '한 도막'은 선향을 뜻한다.

당대에는 향료뿐만 아니라 향로나 향도구도 다양했다. 향로는 주로 도자로 만들어졌으며 문양과 색상이 화려하고 정교하다. 은, 동, 유금鎏金[12] 향로도 다양한 디자인이 있다.

서안 법문사法門寺에서 출토된 향도구만 보아도 황실과 불교의 호화로운 향 사용을 증명할 수 있다. 황실과 불가에서 연회나 법회 때 많이 쓰던 정교한 은, 동으로 만들어진 병향로(향두香斗라고도 함)는 당시 유물과 벽화에서 자주 등장한다. 또 같은 곳에서 나온 거북이 모양의 은훈향로 유금와귀연화문오족타대은훈로鎏金臥龜蓮花紋五足朵帶銀薰爐와 코끼리 머리 모양의 동향로 유금상수금강루공오족타대동향로鎏金象首金剛鏤孔五足朵帶銅香爐, 은장병향로, 은훈구, 은향안, 은향시 등은 하나하나가 너무나 정교하고 화려하다. 법문사는 수당 황실과 깊은 연을 맺고 있었다. 1700여 년 역사를 지닌 법문사는 황가 사찰로서 석가모니 진신 불지골 사리가 있는 유명한 불교 성지다. 법문사 박물관에는 법문사 지궁地宮에서 출토된 향로, 침향 등을 비롯한 2000여 점의 당나라 국보들이 소장되어 있어 세계적인 사찰로 손꼽힌다. 또 당나라 율사 감진鑑眞대사는 현종 천보

12) 금과 수은을 합성하여 동기銅器 표면에 바르고 열을 가해 수은을 날려 버리면 탈색이 되지 않는 공법이다. 중국 남북조시대 양梁나라에서 이미 광범위하게 사용되었다.

1 사의훈롱도 斜倚薰籠圖

  훈롱薰籠 위에 옷을 덮어 향을 쐬는 여인을 그림. 명대의
  작품이나, 여인의 복장과 머리 모양은 당대 여인을 묘사하고 있다.

2 월요비색자루공각화향훈로 越窯秘色瓷镂空刻花香薰爐

3 월요청유갈채오족훈로 越窯青釉褐彩五足薰爐

13년에 일본으로 갈 때 대량의 불경, 의서와 향료를 가져갔는데 그때 향이 현재 일본 나라현奈良縣 도다이지東大寺에 여전히 보존되어 있다.

향을 즐기고 향을 시로 읊는 것은 당대 문인들 생활의 중요한 한 부분이었다. 향을 묘사한 세밀한 표현들은 당대 문인들의 향에 대한 애정과 당대 향 문화의 경지를 보여 준다. 산중이나 물가나 연회에서나 서재에서, 글을 쓰거나 금을 다루거나 책을 읽거나 별을 보고 달을 감상하거나 언제 어디서 무얼 하든지 향은 빠지지 않았다. 문인들은 이미 운모편雲母片으로 격화훈향법隔火薰香法(향을 은편에 담아 직접 불에 닿지 않게 태우는 방법)을 사용하기 시작하였다.

鈿雲蟠蟠牙比魚, 孔雀翅尾蛟龍須.

漳宮舊樣博山爐, 楚嬌捧笑開芙蕖.

八蠶繭綿小分炷, 獸焰微紅隔云母.

보석비녀 머리에 꽂으니 공작 꼬리 피어난 듯.

박산로에 초궁 미인 웃음과 연꽃이 피어나네.

갈래갈래 향연이 날리며 동물 모양의 화염에 운모를 얹었구나.

_ 이상은李商隱의 〈소향곡燒香曲〉

동향압 铜香鸭

송 宋

송대의 경제, 과학, 문화는 중국 봉건사회의 최고봉을 이루었다. 향료의 수입량이 막대하여 정부에서는 향료를 국가관리 품목으로 지정해 향료 전문매장을 규제하여 세금을 걷었으며 그 국고 수익 또한 막대했다. 1973년 8월에 복건성 천주泉州에서 남송南宋 때 침몰된 향료선을 발견하였는데, 그 안에 유향乳香, 용연향龍涎香, 단향檀香, 침향沉香 등이 2400kg이나 있었다.《송회요집고宋會要輯稿》에도 남송 소흥紹興 25년(1155년) 베트남에서 천주로 운송된 향품 중 침향 등 7종의 향료가 있으며 63,334근이나 된다는 기록이 있다.

향은 잡냄새를 없애고 삿된 기운을 막는 용도 외 더욱 존귀하고 신성한 뜻을 담았다. 송대 황실의 각종 연회와 정사는 물론 제에 꼭 대량의 향을 올렸다. 액을 막는 제, 나라의 재난을 막는 제, 비가 오게 하는 기우제 등 제의 명목도 빈번하고 많아서, 제에 사용되는 향은 궁중 향 사용에서 가장 많은 양을 차지하였다.《소씨문견후록邵氏聞見後錄》에도 가뭄이 이어지고 비가 없어 진종眞宗이 친히 비가 오기를 기도하며 한 번에 용뇌만 17근을 태웠다는 기록이 있다. 또 명절, 황후책봉 같은 경축 행사, 연회 등 황실의 모든 행사에 향이 빠질 수 없었다.

송대 귀족들의 향 생활은 지나치다 못해 심히 부패하였다.

1

2

3

1 송. 호전요형대정백자삼엽족향로 湖田窯鼓形帶釘白瓷三葉足香爐

2 송. 격식쌍조천직이퇴소룡형남유삼족향로 鬲式雙朝天直耳堆塑龍形藍釉三足香爐

3 청. 개창회문쌍극이마조동로 開窗回文雙戟耳馬槽銅爐

吟徵調宮商下桐
松間疑有入松風
仰窺低葉含情窗
以聽無絃一再中
口口口題

聽琴圖

송. 청금도 聽琴圖
송나라 황제 휘종徽宗 조길趙佶의
작품으로, 소나무 아래 앉아 금을
타는 주인공 옆 향안 위에 향로가
놓여 있다.

《고재만록高齋漫錄》의 기록에 따르면 어느 하루 채경蔡京이 조정의 관원들에게 연회를 베풀었는데 시녀가 이삼백 냥의 향을 담은 향합을 들고 순회하며 마음대로 불에 던졌다고 한다. 그때 유향 한 냥(50g)의 가격이 20만 냥을 넘었다고 하며 《송사宋史》〈식화지食貨志〉의 기록에 따라 선화宣和 4년 당시 쌀값이 한 석에 2500~3000냥이라고 하니 대충 계산하여도 채경의 하루 연회에 쓴 향 값으로 쌀 만 석은 넘게 살 수 있었을 것이다. 그 당시 해남진수침海南眞水沉 일성一星은 50g이며 일만 냥에 합당한 금액이었다.

송나라의 귀족들은 가마에도 훈향熏香을 하고 향낭, 향구를 달아 향기가 그윽한 향차를 만들었다. 육유陸遊의 《노학암필기老學庵筆記》에는 '부녀들이 마차를 타니 향구를 든 두 시녀가 옆에 서 있고 소매 속에 작은 향구를 지닌 채 마차가 질주하니 향연이 구름같이 날려 몇 리를 가는 사이 먼지조차 향기롭구나.'라는 구절이 있다.

귀족들은 향을 소장하고 사용하는 것이 신분과 권위의 상징이었으나, 문인 사대부는 향으로 마음을 다스리고 덕행을 쌓는 방안으로 삼았다.

문인들은 분향焚香, 품차品茶, 꽃꽂이揷花, 괘화掛畫를 '사반한사四般閑事'라고 일컬었는데, 이는 문인의 자아를 고취하고 예술적인 수양을 하는 도구이자, 품위 있는 생활의 평가 기준이기도 했다. 학문을 연구하고 도를 닦으며 불경을 공부함에 있어 향을 떼 놓을 수 없었다. 향을 즐기고, 태우고, 만들고, 선물하는 것이 그 시대 문인들의 풍류였다. 사반한사의 한閒 자는 '한가하다', '여유롭다'는 의미로 여유로운 경제력, 시간, 마음, 이 세 가지를 모두 갖추어야 향과 차, 꽃과 그림을 즐길 수 있다고 하였으니 진정 한 귀족만이 향유할 수 있는 문화임이 틀림없다. 남송 오자목吳自牧이 남 긴 《몽량록夢梁錄》에 보면 '四般閒事, 不宜累家'라 하여 '사반한사는 전문가 가 아니면 적합하지 않다'고 하였다. 즉 향, 차, 꽃, 그림 등은 전문적인 지 식을 지니고 즐겨야 한다는 것이다.

송대 대문호인 소식蘇軾이 문학가 황정견黃庭堅에게 보내온 향도에 관한 편 지에 대한 답은 그 시대 문인들의 향과 비관에 대한 사상을 고스란히 담고 있다.

四句燒香偈子, 隨香遍滿東南。
不是聞思所及, 且令鼻觀先參。
萬卷明窓小字, 眼化只有斕斑。
一炷煙消火冷, 半生身老心閑。
네 구절의 향을 태워 얻은 향게[13]는
향기에 실려 온 세상에 읊어지나
향을 맡고 사색함에 그치지 말고

---

13) 게偈는 승려僧侶의 귀글(두 마디가 한 덩이씩 되게 지은 글)로, 향게는 향을 소재로 한 게를 뜻한다.

먼저 비관으로 참선하라.

새벽이 밝도록 읽은 만권의 글들을

깨닫지 못하면 영롱한 문채일 뿐이라.

한 가닥 연기가 사라지고 불이 차가워지니

반평생 살아 몸은 늙어도 마음이 여유롭구나.

당송唐宋의 문인들은 호흡을 통한 수행을 하는 데 향을 사용하기 시작했다. 그러면서 연기가 나지 않고 향만 들이켤 수 있는 격화훈향법을 즐기기 시작했다. 이 격화훈향법은 송대에 한층 더 발전하며 세밀하게 정리되었다. 격화훈향을 가장 상세하게 묘사한 것은 양만리楊萬里의 〈분향焚香〉이란 시가 아닌가 싶다.

琢瓷坐鼎碧于水, 削銀為葉輕似紙。

不文不武火力勻, 閉閣下簾風不起。

詩人自炷古龍涎, 但令有香不見煙。

素馨欲聞抹利折, 低處龍麝和沉檀。

平生飽識山林味, 不奈此香殊斌媚。

呼兒急取烝木犀, 卻作書生眞富貴。

비취빛 정족 자기 향로에, 종이처럼 얇은 은엽을 준비하여

1 **청. 겹사법랑훈향로** 掐絲琺瑯薰香爐

2 **명. 팔길상문덕화백자람유삼족향로** 八吉祥紋德化白瓷藍釉三足香爐

3 **명. 격식쌍교이덕화백자향로 남홍뉴루공여의문홍목훈개**
   鬲式雙橋耳德化白瓷香爐 南紅組鏤空如意紋紅木薰蓋

문무 할 것 없이 불이 일정하니, 바람이 고요하게 발을 내리거라.

시인 홀로 용연향 사르니, 연기는 어디가고 향기에 취하구나.

맑은 마음 향을 느끼자 하니, 용연향, 사향과 침향, 단향이로구나.

한평생 산림향 다 보았으나, 요염한 이 향에 어쩔 수 없구나.

아들 불러 목서木犀를 훈증하니, 서생의 부귀가 이보다 더하겠는가.

　　송대의 글귀에는 유난히 향압香鴨을 제재 삼은 것이 많다. 향압이란, 당대에서부터 즐기던 오리 모양의 훈향로이다. 향압은 송대에 들어서 규방의 병풍 뒤나 휘장 속에서 많이 사용되어, 그 시대의 사랑 이야기를 담고 있다. 오대五代의 문학가이자 법의학가인 화응和凝이 남긴 시 〈하만자何滿子〉가 그러하다.

寫得魚箋無限，其如花鎖春暉。

目斷巫山雲雨，空教殘夢依依。

卻愛薰香小鴨，羨他常在屛幃。

낭자를 품은 이 마음 한없이 편지를 쓰고 쓰건만

마치 봄볕을 가두는 꽃사슬처럼 애간장을 태우는구나.

무산에 이는 비구름을 하염없이 바라보며

향 의 향

청명상하도 淸明上河圖
너비 25.5cm, 길이 528.7cm
중국 10대 고화 중 하나로, 북경고궁박물관에
소장되어 있다. 그림 속에는 814명의 각종 인물과
소, 나귀, 말 등 가축 73필, 가마 20여 대와
크고 작은 배 29척이 등장한다.

괜스레 부질없는 꿈인 걸 아쉬워하네.

낭자는 훈향하는 오리만을 사랑하니

병풍과 휘장 속의 그 오리가 부럽기만 하구나.

송대 향에 대한 수요가 얼마나 많았는지는, 거리에 향 점포가 있었고, 주점에 향을 공양하는 일을 하는 향파가 항시 대기하고 있었다는 사실만으로도 충분히 짐작할 수 있다. 향 관련된 업종에는 복장 규칙이 있어 향 점포의 향인은 모자와 조끼를 입도록 했다. 향인은 향을 다루는 전문적인 직업인이었다. 북송 장택단張擇端이 그린 〈청명상하도淸明上河圖〉에는 그 내용이 생생하게 묘사되어 있다. 청명을 맞이하는 개봉開封의 번영한 도시 모습과 한족사회 각 계층 사람들의 생활을 묘사한 풍속화에 유가침단연향이라는 간판이 걸린 향 점포가 그려져 있다.

원 元

원나라 초기에는 대규모의 도살과 약탈이 있었기에 내수 시장이 심각한 타격을 받았다. 나라가 건립되고 농업과 상업에 대한 정책을 확정한 뒤에야 경제는 회복과 발전을 이룰 수 있었다. 그들이 인식하고 있는 중원中原의 문화는 거의 종교밖에 없었다. 칭기즈칸은 국교로 칭하는 밀교 외에도 모든 종교를 똑같이 존중하여 불교, 도교, 이슬람교 등이 고루 큰 발전을 이룰 수 있었다. 몽골제국이 영토를 확장하면서 서양과의 교통이 보다 원활해졌고 이에 따라 향료의 수입량이 송대 못지않았다.

황실은 한족문화의 영향으로 사치스런 향 생활을 누렸고, 종교의 흥성으로 빈번한 종교 활동, 사원과 도관의 급성장, 문인들의 향 생활 등 향 생활이 송대에 비해 손색이 없었다. 《원사元史》〈백관지百官志〉에 보면 무종武宗에서 내원大元 연간에 어향국御香局을 설립하고 황실 전용 향품, 수화어용제향修和御用諸香의 제작을 담당했다고 한다.

민족과 계급제도의 압박 하에, 문인들은 정치에 참여해 포부를 펼칠 기회를 잃어버리자 산림에 은거하며 그 열정을 문화와 예술의 창작에 담았으니, 문인들의 문화 수양이 새로운 변화 양상을 띠게 되었다. 향은 그들의 청담淸淡한 서화에 없어서는 안 될 벗이었다. 중국 원왕조의 문인이자 화가인 조맹부趙孟頫가 남긴 시 〈진솔재명眞率齋銘〉 또한 문인들의 그러한 마음과 생활을 잘 드러낸다.

吾室之中, 勿尙虛禮。 不迎客來, 不送客去。

賓主之間, 坐列無叙。率眞爲約, 簡素爲具。

有酒且酌, 無酒且止。淸茶一杯, 好香一炷。

閑談古今, 靜玩山水。不言是非, 不論官府。

行立坐臥, 忘形適趣。冷淡家風, 林泉情致。

道義之交, 如斯而已。

내 거실에서는 허례허식을 중시치 않아

손님이 오더라도 마중하지도 배웅하지도 않고

객과 주인 간에 자리를 두고 따지지 않으며

진솔함을 약속하고, 간소함을 구비하리.

술이 있으면 대작하고, 없으면 그만이라.

청차 한 잔에 좋은 향 한 가닥이면 족하리.

고금을 한담하며 산과 물을 조용히 즐긴다.

시비를 가리지 않으며, 관부의 일도 논하지 않고

행주좌와[14]에 몸을 잊은 채 정취에 따른다.

청담淸淡한 가풍은 숲과 샘터의 청정함에서 이룬 바라,

도의적 교우란 단지 이러할 따름이다.

---

14) 다니고, 머물고, 앉고, 눕고 하는 일상의 움직임을 통틀어 이르는 불교 용어.

원대에 유명했던 잡극 《서상기西廂記》에 보면 그 시대의 향 사용을 가히 짐작할 수 있다. 주인공 장생은 영영이라는 여인을 불전에서 처음으로 만난 뒤 그 아름다움을 '몸에 장식한 옥패소리는 점점 멀어지건만 난사향은 여전히 그윽하구나'라고 표현하였으며, 영영이 분향하고 달에 기도할 때 먼저 향을 알아보고 사람을 만났다고 하였다.

향 역사 중 새로운 혁신인 선향 제작이 원대에 출현한다. 이존李存의 《위장주부慰张主簿》에는 제사에 선향을 사르는 묘사가 있다.

謹具綫香一炷, 點心粗茶, 爲太夫人靈几之獻。
조심스레 선향 한 가닥에 불을 붙이고 다식과 조차를 태부인의 영정에 올린다.

당송 문인들이 취미로 즐기던 선향이 상품으로서의 출시되면서 민간에 직접적인 변화를 가져왔다. 일반 백성들도 전통적인 향로와 향도구가 필요 없이 향 생활을 할 수 있게 된 것이다. 작고 다양한 선향꽂이들이 생겨났으나 황실 귀족은 여전히 전통적인 향석과 상품上品의 향을 사용하였다.

송. 덕화백자쌍이삼족로 德化白瓷雙耳三足爐

명 明

명 초기에는 해금정책海禁政策을 실시하여 정부관할 하의 조공무역朝貢貿易이 시작되었다. 외국의 향 수입을 막고 민간의 외국 수입 향료와 관련 물품 사용을 금지시킴으로써 일시에 향 문화 발전이 둔화된다. 차의 역사상 최대의 개혁을 가져온 명明 태조太祖 주원장朱元璋의 단차團茶 폐지도 향 사용의 금지와 밀접한 관계가 있다.

명明 선종宣宗 즉위 후 중국 전통 문화는 드디어 재능이 뛰어난 황제의 손에서 꽃을 피우게 된다. 조공무역으로 인해 폐쇄됐던 차와 향 문화는 물론 문학과 경제발전 또한 다시 큰 발전을 하게 된다. 영선永宣 연간[15] 정화鄭和가 이끈 남해 원정을 보면 명대의 해상운송 규모의 방대함을 알 수 있다. 2만 명이 넘는 사람을 태운 거대한 선박이 서양을 원정하였다. 거선에 인삼, 사향, 금은, 차, 비단, 도자기들을 싣고 연해 각 나라들과 교역을 하였는데, 교역 물품의 대부분은 후추, 단향, 침향, 용뇌, 유향, 목향, 안식향, 몰약, 소합향 등 다양한 향료들이 차지했다.

주원장이 지시했던 해금정책海禁政策은 명 중기에 이르러 풀리기 시작해 민간 상선의 상륙을 윤허하였으며 해상무역이 신속히 흥성해지기 시작했다. 《명사明史》의 기록을 보면 명나라 가정황제嘉靖皇帝가 용연향龍涎香을 10여 년 동안 구하지 못하다가 포르투갈 상인들이 황제에게 진공함에

---

15) 영선永宣 연간은 명明나라 영락永樂과 선덕宣德 시대의 앞 글자를 딴 것으로 두 시대를 아울러 일컫는다. 정화는 영락 3년인 1405년부터 선덕 8년인 1433년까지 모두 7차례에 걸쳐 남해원정을 갔다.

명. 동자동향삽 童子銅香揷

따라, 오랜 세월 중국 상륙이 금지되었던 포르투갈 선박이 드디어 마카오에 상륙하게 되었으며, 남해의 여러 군도와 인도양 연해 항구들을 오가며 대량의 향료 수출입도 할 수 있었다. 기록에 따르면, 1626년 한 해만 은 6만 냥의 단향을 운송해 왔다고 한다.

홍콩香港이라는 지명도 향으로 인해 지어졌다. 명나라 때 동완東莞 일대에 속했던 홍콩은 당시 침향 재배업이 한창 흥하였고, 완향莞香, 토침향土沉香, 백목향白木香 등의 침향이 생산되었다. 홍콩 지역도 향목이 많이 나고 침향 품질도 상당이 좋았으며 항구는 주변 침향의 집산지라 '향의 항구'라는 뜻의 홍콩이 되었다. 《광주지廣州志》에는 인공으로 재배한 침향은 완향의 향이 가장 달콤하나, 결향 시간이 짧아 수지의 형성과 밀도가 자연산과 전혀 비할 수 없다고 했다.

東莞縣茶園村香樹出於人爲，不及海南出於自然。
동안현 차원촌의 향목은 인위로 생긴 것이라 해남의 자연적으로 생긴 것만큼 못하다.

명대에는 선조들의 향도구와 향로들을 그대로 제작하여 사용하는 것 외에도 선향을 위한 특별한 향로를 생산하였다. 크기가 작고 뚜껑이 없는 동

銅이나 나무에 정교한 전각과 조각을 한 것들이었다. 하·상·주夏商周의 정鼎 모양과 송대의 정로鼎爐를 계승하여 외국으로부터 진공된 수만 근의 동銅으로 만들어 후세에 대대손손 대물림되는 선덕로宣德爐를 탄생시켰다.

명대의 문인들은 송대의 품향 기초에 정좌靜坐를 결합하여 생활의 가치관 변화를 가져왔다. 당시의 명사, 승려, 도인 들은 정실靜室을 만들고 향과香課로 학문을 닦고 심성心性을 수련하였다. 문인 관료들 외에도 기록이 남아 있는 명대 승가僧家의 좌향정실坐香靜室만 132곳이나 된다.

명나라 말기 산서山西의 관료 가문에 태어나 전설적인 의술을 지닌 부산傅山이라는 의학가가 있었다. 의술 외 도가 사상, 서법으로도 유명한 그는 문화생활에 다양한 취미와 재능이 있어 청나라 초기 여섯 대사 중 일인으로 꼽히기도 했다. 그가 후세에 남긴 글 중에 유난히 패기가 넘치는 글이 있다.

身處亂世，無事可做。
只有一事可爲。
吃了獨參湯，燒沉香，讀古書。

이 몸이 난세에 태어나니

할 일이 하나뿐이구나

독삼탕을 끓여 먹고

침향을 사르고 고서를 읽는다.

명말 청초의 시인 모양冒襄이 쓴 산문《영매암억어影梅庵憶語》에서도
향을 즐김에 있어 마음을 다루는 일이 동반됨을 엿볼 수 있다.

姬每與余靜坐香閣，細品名香。

每慢火隔砂，使不見烟，則閣中皆如風過伽楠，

露沃薔薇，熱磨琥珀，酒傾犀斝之味。

久蒸衾枕間，和以肌香，甛艷非常，夢魂俱适。

曾與姬手制百丸，誠閨中異品，然爇時亦以不見烟爲佳，

非姬細心秀致，不能領略到此。

소첩은 매번 조용할 때 향각에서 명향을 즐겨요.

약한 불에 망을 걸고 연기가 나지 않도록 하니

향각에는 바람처럼 가남伽楠이 맴돌고 있어요.

이슬 머금은 장미, 곱게 간 호박과 술에 담근 목서木犀향의 맛을

베개 곁에 훈증하니 살결 냄새가 달콤하고 요염하며 꿈마저 편안해요.

함께 만든 백환은 규중 귀품이니 연기 없이 훈향하는 게 가장 좋아요.

소첩의 세심함이 빼어나지 아니하면 여기까지 터득할 수 없겠지요.

청 淸

청대는 중국 역사상 마지막 제국이었다. 중국 봉건사회 역사의 말단에
이르러 다른 시대보다 높은 문화산업의 발전을 이룩했다. 만주족 통치자들
은 한문화를 숭배하고 받아들여 향은 자연스레 제왕들의 생활에 젖어들었
다. 강희제康熙帝 14년에는 안남安南(현 베트남)에서 엄청난 양의 향을 진
상했다. 《광서통지廣西通志》에 따르면, 침향 960냥, 강진향 30주 등을 올
렸다고 한다. 강희제, 옹정제雍正帝, 건륭제乾隆帝 시기의 향로는 도자,
동, 옥, 주석, 나무, 대나무 등 다양한 재료를 사용해 화려하게 만들어졌으
며, 그 중 법랑채는 유난히 색채가 현란하고 다채롭다.

청 초기 문인들은 향에 대한 애착이 깊었다. 청대의 뛰어난 문학작품인
《부생육기浮生六記》〈한정기취閑情記趣〉 편을 보면 그 시대의 향 생활이
그대로 드러난다. 《부생육기》는 청대 문학가 심복沈復이 쓴 6권의 자서전
산문집으로, 현재는 4권만 남아 있다.

1 원. 청화벽로 青花壁爐

2 명. 동선덕로 銅宣德爐

3 청. 반연문옥향로 番蓮紋玉香爐

靜室焚香, 閑中雅趣。

芸嘗以沉速等香, 于飯鑊蒸透,

在爐上設一銅絲架, 离火中寸許, 徐徐烘之, 其香幽韵而無烟。

정실에서 분향을 하니 한가로움에 정취가 고아하구나.

운(심복의 부인)이 침향, 소합 등 향을 찜통에 훈증하여 만든 향을

향로에 동사 망을 올려 불과 거리를 두고 서서히 훈향하니

그 운치가 그윽하니 연기가 나지 않는구나.

청대의 시인이자 산문가인 원매袁枚는 강남 지역에서 관직을 하고 있었으나, 건륭제 14년에 남경으로 은거한다. 대표작으로 《소창산방시문집 小倉山房詩文集》, 《수원시화隨園詩話》, 《수원수필隨園隨笔》 등이 있다. 그의 작품 중 〈한야寒夜〉에서 향 생활을 엿볼 수 있는 구절을 찾아볼 수 있다.

寒夜讀書忘却眠, 錦衣香盡爐無烟。

美人含怒奪灯去, 問郎知是几更天!

한야에 잠을 잊고 독서를 하다 보니

비단옷에 향이 사라지고 향연도 끊겼구나.

낭군에게 지금이 몇 경인지 아느냐며

등잔을 빼앗으며 미인이 화를 내는구려.

중국의 4대 고전 중 하나인《홍루몽紅樓夢》은 청대의 귀족 생활을 상세하게 묘사하고 있는데, 이를 통해 향의 사용과 쓰임을 살펴보기 좋다. 귀비가 된 가원춘이 정월 대보름에 친정 나들이를 할 때, 가모에게 기남염주와 침향지팡이를 하나씩 선물하는 등 사대부의 사치스럽고 부패한 생활이 묘사되어 있다. 또 가보옥을 둘러싼 소녀들의 생활 중 훈롱薰籠, 손로手爐, 정로鼎爐등 다양한 향로의 모양과 임대옥의 유향乳香, 설보채의 냉향冷香, 습인襲人의 판향瓣香 등 제각기 만들어 뽐내는 합향의 종류며, 날마다 향을 피우고 향을 선물하며 향시를 읊는 귀족 가문의 다채로운 향 생활을 생생하게 볼 수 있다.

청 말기는 정권이 불안정하고 문화 역시 발전하는 데 험난한 시기였다. 장기간의 재난으로 뒤숭숭한 나라 정세는 사람들로 하여금 품향의 정취를 잊게 하였고, 사람들은 서양의 영향을 받아 차츰 전통문화와 멀어졌으며 생활 문화도 변하기 시작했다. 풍류를 즐기는 일은 등한시되고, 시인이 노래하는 영원한 청춘과 천진난만한 정신세계는 당시 중국인들의 마음에 위로가 되지 못했다. 손에 쥔 찻잔에서는 여전히 그윽한 향기가 올라왔지만,

찻잔에서 당대의 낭만도, 송대의 열정도, 서재의 금琴 소리와 향도 더 이상 찾아볼 수 없게 되었다. 아편전쟁 이후 서양의 향수가 중국으로 밀려들어오며, 중국 귀족들을 위한 향수가 전문적으로 제작되기도 했다. 자희태후慈禧太后가 서양의 목욕제, 화장품, 향수 등을 사용하는 것을 귀족들이 따라하였고, 이처럼 향 문화를 향유하던 계층이 외국의 향수에 젖어들며 전통적인 자연 향기는 점차 사라지게 되었다.

근현대

청말 이후 중국 근현대의 향 문화는 장애령張愛玲의 소설 《침향설沉香屑 : 제일로향第一爐香》에서 잘 묘사되어 있다. '집 안 오랜 창고 귀퉁이에서 조상 대대로 전해 내려온 얼룩덜룩한 곰팡이와 녹슨 동향로를 찾아내세요. 침향 부스러기에 불을 붙이면서 전쟁 전 홍콩의 이야기를 들어 주세요, 당신의 침향 부스러기가 다 탈 즈음이면 나의 이야기도 끝날 거예요.' 오랜 창고 귀퉁이에서 곰팡이가 피고 녹이 슨 동향로의 운명은 19, 20세기 중국 향 문화를 가슴 저리게 묘사하고 있다.

중국의 향 문화는 중화민국 시대에서 중국 개혁 개방 전까지 시대적 어려움 속에서 명맥을 유지하기 힘들었으나, 수천 년이 넘는 향기로운 그 흐름이 완전히 끊기지는 않아 참으로 다행이다. 현대 중국에서는 향 문화 복원의 움직임이 활발하여 관련된 산업과 기술이 나날이 발전하고 있다. 침향을 대중화하는 데는 분명히 한계가 있겠으나, 문화인들을 중심으로 양적인 확장이 아니라 질적인 깊이를 더하려는 움직임 또한 뚜렷하다.

한국

국립부여박물관에 소장된 박산로, 백제금동대향로百濟金銅大香爐는 현존하는 박산로 가운데 전 세계적으로 화려하고 보존 상태가 매우 좋다. 그 것은 단순히 백제의 향 문화가 수려했음을 보여 주는 것 이상으로 한반도의 향 문화 자체가 융성하고 유려하여 그 경지에까지 이르렀음을 증명하는 것이다. 이런 박산로가 출토되어 지금에 이른다는 것은 당시 향 관련 용품들이 다양하고 풍성했다는 뜻이기도 하다.

고조선

한국의 향 사용에 대한 기록은 단군檀君신화와 관련된 기록부터 찾을 수 있다. 단군은 주무왕周武王이 즉위한 시기에 이미 1500년이나 나라를 다스린 뒤였다 하니 기원전 2500년 전일 것이다. 《고기古記》의 기록을 살펴보면, 태백산 밑에 신단수神檀樹를 거론한 것으로 보아 단향목을 신성한 것으로 숭배했던 것으로 보인다. 그 아래서 잉태를 빌고, 기도를 하고, 제를 지낸 것이다.

삼국시대

중국에서 최초로 향을 들어온 것은 신라 시대 19대 눌지왕訥祗王 때이다. 《삼국유사》3권 〈아도기라阿道基羅〉에는 눌지왕 때, 고구려 승려 묵호자墨胡子가 신라인들에게 당시 중국에서 처음 들어왔던 향香의 이름과 사용법에 대해 가르쳐 주고, 향을 피우고 기도를 올려 왕녀王女의 병을 고쳐주었다고 기록하고 있다.

삼국 시대에 불교가 전해짐에 따라 향료가 유입되었고 향의 사용에도 발전을 가져왔다. 신라 시대 마애불이나 벽화를 보면, 부처님 곁에 늘 병향로를 든 천녀가 있다. 향 공양을 최고로 여겼으니 부처님께 올렸으리라. 신라 제21대 왕인 소지왕炤知王 때 불교의 수행에는 꼭 분향을 하도록 한 기록도 있다. 제25대 사륜왕四輪王 때에는 도화녀桃花女와 비형랑鼻荊郎의 이야기에, 천왕사에서 분향焚香하는 기록도 있다.

현재는 이 시대의 향에 관련된 유물이 많이 남아 있진 않으나, 백제금동대향로로도 백제의 화려한 향 문화를 충분히 가늠할 수 있다. 신라에서는 장신구로 치장을 하고 난향과 사향을 담은 향낭을 차고 다녔다고 하며, 향을 배합한 화장품 제작 기술이 발전하여 일본으로 그 기술을 전파하였다는 기록이 남아 있기도 하다. 고구려에서는 향을 화장품으로도 사용했는데, 구하사久下司의 《화장化粧》에 따르면 승려 담징曇徵이 스이코천황推古天

皇 18년 9월에 일본으로 건너가 연지胭脂를 전해 주었다는 기록이 있을 만큼 보편화되었음을 알 수 있다.

통일신라

통일신라 시대에는 향을 담아 보관하는 향유병을 사용하였다. 경북 인각사에는 청동향로, 청동병향로 등 상당히 수준 높은 청동 제련 기술로 만들어진 유물들이 있다.

향은 제사 때 망령을 부르는 제물로 사용되었으며, 시체를 썩지 않게 하거나, 청결하게 하는 방부용으로도 쓰였고, 장신구나 가구 또는 집 안에 방향제로도 쓰였다. 여인들은 중국에서 고가로 사들인 향을 주머니에 넣고 패용하였고, 향기 짙은 꽃잎이나 줄기를 말려 분말로 만들어 사용하거나, 꿀 또는 기름에 재어 두었다가 쓰기도 하고, 사향을 잘게 썰어 유지에 녹여 향지香脂를 만들어 손끝에 찍어 사용하였다. 그 중에서도 성욕을 조장하고 흥분시키는 효과가 뛰어나 '침실의 비향'이라고 일컫는 사향을 최상으로 여겼으며 딸이 시집갈 때면 소박을 당할까 염려하여 사향낭을 몰래 넣어 줬다는 설도 있다. 당대의《두양잡편杜陽雜編》에 따르면 '신라국에서 보낸 만불산萬佛山의 높이가 1장 가량 되며 침단목에다 주옥으로 조각을 해 만들었다.'고 하는 것으로 보아 침향, 단향이 그 시기에 대량으로 사용된 것을 알 수 있다.

고려

　고려 시대에는 불교가 국교가 되고 송나라와의 교역도 빈번하여 향의 사용이 더욱 보편화되었다. 고려 시대의 실정을 설명한 송나라 서긍徐兢이 쓴《선화봉사고려도경宣和奉使高麗圖經》, 줄여서 흔히《고려도경高麗圖經》이라 부르는 견문록만 보아도 향에 대한 내용이 상당히 풍부하다. 신하가 왕을 알현하거나, 왕이 정사를 돌보거나, 국빈을 초대할 때 향안香案을 설치했는데 그 위치 또한 정해져 있었다. 고려의 여인들은 연한 화장을 하고 몸에는 꼭 향낭을 품었으며 가마에 향로를 달고 다녔다. 귀부녀들은 금향낭을 찼는데 많이 차는 것을 자랑으로 여겼다.

　향 사용이 생활화 되다 보니 다양한 형태의 정교한 향로가 생겨났다. 자모수로子母獸爐는 짐승 모자의 형상으로 된 향로를 은으로 만드는데, 그 만듦새가 매우 정교하다. 고려인들이 만든 박산로는 본래 한나라의 기물인 박산의 형상을 본떴다고는 하나, 그 아래는 세 발이어서 원래의 만듦새와는 아주 다르다. 재치 있는 솜씨가 돋보이는 작품이다. 정로의 만듦새는 박산로와 유사하나, 위에 꽃모양의 뚜껑이 없고 아래에는 세 발이 있다. 온로의 형태는 정鼎과 같은데 배 아래의 세 발은 짐승이 물고 있는 형상을 하고 있다. 그것에 물을 담아서 겨울철에 손을 데우는 데 쓴다. 서긍을 가장 감탄케 한 것은 청자 향로다. 산예출향狻猊出香이라 하여 사자 꼴을 한 비색翡色 향로로, 위에는 쭈그리고 있는 짐승이 있고 아래에는 활짝 핀 연꽃이 받치고 있다.

1 통일신라 북미륵암 마애여래좌상 곁의 향로를 든 천녀

2 백제금동대향로

3 조선 자수향낭

조선

조선 시대에 들어서 향의 사용은 궁중과 사대부뿐 아니라 일반 서민에게 까지 보편화되었다. 비싼 향을 수입하는 것이 어려웠기에 여인들은 본토에서 나는 향약을 배합하여 향방을 만들었으며 남자들도 향낭을 지니고 다녔다.

향은 피우는 데 주로 쓰였지만 약재에도 많이 쓰였으며 궁중에는 향약을 담당하는 전문직까지 있었다. 태종 4년에는 사향麝香 2근, 주사朱砂 6근, 침향沈香 5근, 소합유蘇合油 10냥, 용뇌龍腦 1근, 백화사白花蛇 30조條를 약재로 수매했고, 태종 6년에는 편뇌片腦, 침향沈香, 속향束香, 단향檀香, 소합유蘇合油, 백화사白花蛇, 주사朱砂, 사향麝香, 부자附子, 금앵자金櫻子, 육종용肉蓗蓉, 파극巴戟, 당귀當歸, 유향乳香, 몰약沒藥, 곽향藿香, 영릉향零陵香, 감송향甘松香 등의 약재를 하사했다는 기록이 있다. 또 향약을 수입하다 왜구에게 약탈당한 사건도 종종 발생했던 만큼 향에 대한 왕실의 관심이 지대했음을 알 수 있다.

침향이 비싸고 수입이 힘드나 그 수요량은 점차 늘어났기에, 왕실에서는 후세를 위하여 매향埋香까지 하였다. 나무를 땅에 묻어 두면 침향이 될 것이라는 생각은 잘못된 것이라 비록 침향을 얻지는 못했으나, 후손을 위한 선조들의 그 마음은 배우고 기억할 만한 덕이다.

향 교역에 대해서는 왜와도 활발히 했으며, 비싼 값을 주고라도 구하고자 했다. 《조선왕조실록》에 보면 세종 14년에 이러한 기록이 있다. '주사朱砂와 용뇌龍腦는 비록 귀한 약이라 하더라도 중국에 가서 구하면 오히려 얻을 수 있으나, 침향沈香으로 말하면 비록 중국에서라도 쉽사리 얻지 못할 것이다. 지난 번 왜인들이 가져오는 침향이 흔히 있었는데, 우리 나라에서 값 깎기를 너무 헐하게 하였으므로 다시는 가지고 오지 않는다. 침향은 왜倭나라에서도 나지 않는지라 널리 다른 나라에서 구하여 가져오는 것이니, 비록 그 값의 갑절을 준다 하더라도 가하니, 예조에서는 그것을 의논하여 아뢰라.'

성종은 왜와 다른 물건은 무역할 필요가 없어도, 용뇌龍腦, 대랑피大浪皮, 침향沈香 등은 모두 나라에서 긴요하게 써야 하니 그 값을 물어서 사들이도록 지시하기도 했다. 전쟁이 잇따른 난세에도 궁중에서는 침향을 조각해 노리갯감을 만드는 등 사치스런 향 생활이 끊이지 않았다.

일종의 여성생활백과라 할 수 있는 《규합총서閨閣叢書》에는 당시 여인들의 향 사용이 자세히 기록되어 있다. 모향茅香 이삭과 잎을 달여 영릉향零陵香을 입혀 몸에서 나쁜 냄새가 나지 않고 향기롭도록 했다. 상류사회 남자들은 향낭을 패용하였다. 임진왜란 직후 일본에서 '아침이슬'이란 화장수를 제작하여 '조선의 최신 제조법으로 만들었다'고 광고했다는 기록을 보면, 조선은 삼국 시대부터 내려온 향약을 사용한 화장품의 기술이 계속 발전하였고 이를 일본에서 높이 평가했다는 것을 알 수 있다. 일본 차茶의 시조라고 불리는 센리큐가 젊은 시절 사랑했던 조선 여인이 지니고 있던 녹유향합을 평생 품 안에 지니면서 매번 찻자리에 향을 사르고, 한 번도 가보지 못했던 조선식으로 차실을 만들고, 조선의 다완으로 일본 다도를 정립한 것을 보면, 임진왜란 전에는 조선의 차와 향 문화가 상당히 발전되었으나 이후 전쟁 등으로 많은 유물과 자료들이 분실된 것이 분명하다.

향료의 무역과 약재 사용 외에는 억불 정책 때문에 문인들의 분향 기록은 많지 않다. 다행히 순조의 여동생이자 홍현주의 아내인 숙선옹주淑善翁主의 향과 차, 문학의 어울림을 엿볼 수 있는 시가 남아 있다.

月夜懷明溫, 明月到階前.

淸光如見人, 遙知鳳樓夜, 焚香吟詩新.

달밤에 명온을 그리워하니

밝은 달이 계단을 비추는구나.

맑은 빛이 그 사람을 보는 듯

봉루의 이 밤을 멀리 전하며

분향하고 읊는 시가 새롭구나.

조선왕조실록이나 삼국유사에는 향에 관한 기록이 무척 많다. 당시 왕실에는 향을 전문적으로 담당하는 조향사가 있었으며, 침향을 왜인들에게서 사 왔고, 약이나 사치품 등으로써 향을 사용했다는 기록들이다.

현재 향도라 하면, 중국향도 또는 일본향도로만 여기는 경우가 많으나, 살펴본 바와 같이 한국의 향 역사 또한 유구하다. 비록 여러 사정으로 관련된 유물이나 문화가 소실된 것이 많지만, 요즈음 이 땅에 존재했던 향기로운 흐름을 되찾기 위한 노력이 곳곳에서 보인다. 앞으로 한국의 향이 복원되어 더 많은 사람들이 선조들의 지혜와 아름다움이 녹아 있는 향 문화를 이 시대에도 누릴 수 있으면 한다. 옛 선비들이 아기단풍 날리는 정자에서 향을 사르고 거문고를 뜯고 차를 끓이며 시를 읊던 그 아름다움을 되찾길 바란다.

향로 (香爐)

일본

일본 역시 세계의 다른 민족과 마찬가지로 원고 시대부터 향을 사용해 왔다. 훈향로가 야요이彌生 시대까지 내려왔으나, 그 후 오랫동안 도자 공예가 낙후한 상태에 머물러 정체되었다가 전국 아즈치모모야마安土桃山 시대에 이르러 회복하게 된다.

고대

훈향의 예술은 당대의 감진대사鑒眞大師가 일본으로 율법을 전승하러 갈 적에 대량의 향료와 약재를 가져감으로써 시작되었다고 본다. 나라奈良 시대의 문학가 겐카이元開의 저서《당대화상동정전唐大和上東征傳》에는 '천보 2년 12월 동쪽으로 가는 법기法器 외 사향, 침향, 갑향, 감송향, 용뇌향, 안식향, 단향, 영릉향, 청목향, 훈륙향 등이 모두 800여 근'이란 기록이 있다. 천보 7년에 다시 동행하였을 때 '향약을 사고 백물을 천보 2년과 동일하게 준비한다.'는 기록도 있다. 나라 시대의 도다이지東大寺의 어물御物 목록에는 60여 종의 약물이 기록되어 있는데, 확실히 감진대사가 가져간 것으로 고증되었다.

이미 감진대사 이전부터 동양 문화권은 서로 불교와 의학의 교류가 있었으며 불교가 최초로 일본에 건너간 때를 53년으로 보면 중국 춘추시기에 이미 향약이 전해졌을 것으로 추정된다. 나라 시대의 향은 불교 의식이나 궁중 행사시 옷의 훈향이나 방향으로 사용되었다.

헤이안平安 시대에 이르러서는 점차 중국 문화를 기초로 향 사용에 독특한 미적 관념을 형성한다. 향은 귀족 생활의 일부분이 되었고, 귀족들은 합향을 주로 하는 여러 가지 향분과 숯가루와 꿀을 넣어 반죽하여 응고시킨 연향煉香과 훈물합薰物合을 썼다. 향을 제련하는 방법은 중국에서 직접 전승했다.

헤이안 시대 중기 11세기 초에 여류작가 무라사키시키부紫式部가 쓴 《겐지 이야기源氏物語》에는 향을 제작하고 향으로 겨루고 즐기는 귀족들의 다양한 향 생활에 대한 자세한 묘사가 있다. 귀족들의 신앙은 당나라에서 전해온 불교 이론파인 천태종天台宗과 부적과 주문을 중시하는 밀교密敎였으며, 선종禪宗의 흥성과 무사武士 문화의 영향으로 침향 훈향이 훈물薰物의 주류가 되었다. 조정과 막부幕府의 지지를 받은 선종은 송나라의 불가와 문인들의 향 풍습을 그대로 받아 일본의 향 역사에 중추적인 발전을 가져왔다.

중세시대

무로마치 시대室町時代에 이르러 선종은 일본 불교의 주류가 되었다. 송나라 상류사회의 사반한사四班閑事가 일본으로 전해오며 향석香席을 열고 분향을 하고 시를 읊으며 참선을 하는 기풍을 숭상하게 되었다. 이때 전해 진 송나라 식의 향도구는 지금도 일본 향도의 주류를 이룬다. 또 황정견黃庭堅이 향을 함에 있어 10가지 유익한 점을 서술한 《향지십덕香之十德》이 일본 향계에 널리 퍼지기 시작했다.

香之十德:

感格鬼神，清靜身心。

能拂污穢，能覺睡眠。

靜中成友，塵裏偸閑。

多而不厭，寡而為足。

久藏不朽，常用無礙。

향의 10가지 덕행 :

신령에 감격하고, 신심을 깨끗이 하고,

삿된 것을 없애고, 수면을 도우며,

정적과 벗하고, 속세에서 한가함을 즐기며,

많아도 싫지 않고, 홀로 하여도 만족하며,

오래 소장하여도 썩지 않으며, 상용하여도 장애가 없다.

예술과 풍류를 즐기는 아시카가 요시마사足利义政가 집권한 때는 향
도, 다도, 화도가 고아한 사교활동의 주요 형식이었다. 향회가 빈번했으며
향의 좋고 나쁨을 겨루며 훈향을 즐기고 다도와 가무를 결합하여 풍류를
즐겼으며 선禪 문화가 주를 이루어 이를 히가시야마東山 문화라 일컫는다.

전국戰國 시대에 들어서 산조니시 사네타카三条西実隆와 그의 세 아들이
어가류御家流라 칭하는 산조니시향도 즉, 일본 최초의 향도 파를 만들었다.

아즈치모모야마 시대에는 무장武將과 부유한 공상 계급에서 다도와 화
도가 흥행하였으며 그 시기에 유명한 차인들이 생겨났다. 일본의 다도를
정립한 센리큐千利休는 와비차侘茶를 주장하며 다도의 선禪-다도 중에서
시각, 후각, 청각을 비롯해 온몸에서 선의 감각을 관찰함-을 융합하였으며
찻자리에 꽃과 분향을 필히 하였다. 그러나 중세의 오랜 전쟁으로 인해 고
잔五山 선문화는 폐쇄되고 도덕과 문화의 가치가 급락하고 정신적으로도
피폐해졌다.

근세시대

도쿠가와 이에야쓰德川家康로부터 시작된 에도江戸 시대는 통일의 시
대로 전에 없는 정치적 안정을 누리며 경제가 신속히 발전하였다. 중국 문

화와 서양 문화의 결합으로 한학漢學, 화학和學, 서학西學이 복합되어 다양한 문화예술과 학술사상이 활발하게 교류하는 시대에 들어섰다. 이에 맞춰 향도가 번영하여 서서히 대중문화가 되었다.

현대 일본 향도의 형성은 에도 시대에 정식으로 확립되었다. 조향組香이란 향도 활동이 있었는데, 이는 여러 가지 향목이나 향을 결합해 고전문학과 사계절의 풍경과 뜻을 규칙에 따라 표현하고 조향을 알아맞히어 승부를 가름으로써 후각을 겨루고 학술과 수양의 기량을 겨루는 향회의 한 형태이다. 향도 활동은 시대와 경제의 발전을 따라서 귀족문화로부터 무사문화, 대중문화, 오락문화의 변화를 가져왔다.

근현대

메이지明治 시대에 들어서 전쟁과 서양 문화의 침투로 전통문화가 퇴보하였다. 일본의 향도 또한 쇠퇴되어 다시 상류사회의 사치품으로 머물다가, 2차 세계대전 후 화도花道와 다도茶道의 부흥과 함께 새롭게 부각되었다. 현재 일본 향도는 100여 파가 있으며, 여전히 어가류御家流와 지야류誌野流가 주류를 이룬다.

17세기 봉황향로

제 3 장

향
도
와 비
관

향회

향을 즐기는 것은 아주 간단한 일이다. 홀로 피우는 선향 한 가닥만으로도 생활의 멋을 더한다. 벗이나 지인을 청하여 격식을 갖춘 향자리를 만들수 있다면 나누는 기쁨도 큰 법이다. 중국 당송의 문인들은 차, 향, 금, 서화, 시를 나누는 모임을 즐겼는데 이를 아회雅集라 하며, 향香을 주로 한 모임을 향석香席, 향회香會, 품향회品香會라고 하였다.

역사상 가장 유명했던 향회는 당唐 원종元宗이 황친, 귀족들과 궁중에서 즐기던 내향연內香宴이다. 오인신吳仁臣의 《십국춘추十國春秋》 제16권에는 '보대保大 7년 봄 정월에⋯ 대신과 종친들을 내향연에 초대한다. 국내외를 막론하고 유명한 향은 다 도착하니, 조합해 달여 마시거나 향낭에 담아 지니도록 한 것이 모두 92종에 달하니, 전부 강남에 없던 것이다.'라고 적혀 있다.

황실과 귀족들은 사치스러운 향회를 즐겼으나, 그 시대 문인들의 향사香事나 아집雅集은 마음수행에 이르는 조용하고 풍아한 것이었다.

손님을 맞이할 때는 마땅히 격식을 갖추어야 할 것이나, 오늘날의 향회는 옛 문인들의 것과 똑같이 할 것이 아니라 현대인의 필요에 맞추어야 할 것이다. 옛 사람들이 남긴 최고의 문화생활을 즐기되, 바쁜 현대인들이 심신의 편안함을 누릴 수 있는 간편하고 즐거운 방식으로 향회를 만들어가야 할 것이다. 향회는 오염된 공기로 흐트러진 현대인들의 후각을 깨워 몸을 정화시키고 스트레스를 해소하고 마음을 안정시키는 모임이다. 더 나아가 품향의 과정을 통해 조용히 내면의 소리를 듣고 자신을 들여다보고 지혜를 키우는 자리를 더불어 갖는 시간이다. 여러 사람을 초대하는 모임인 만큼 절차와 격식을 갖추면 더 즐겁고 풍격 있는 향회가 완성될 수 있다.

향석에서 지켜야 할 기본적인 예절은 다음과 같다.

1. 옷을 단정하게 입고 보석, 시계 등의 장식품은 피한다.
2. 몸에 향수를 뿌리거나 다른 냄새가 나지 않도록 한다.
3. 가방이나 휴대폰 등 소지품은 밖에 두고, 향실 입실 전 꼭 손을 씻는다.
4. 앉는 자세는 바르게, 말을 삼가하고 조용히 한다.
5. 향을 전하는 동작은 미리 익히고 참석한다.
6. 모든 동작은 천천히 하도록 한다.
7. 품향 시 주인 외에는 향도구를 만지지 않는다.

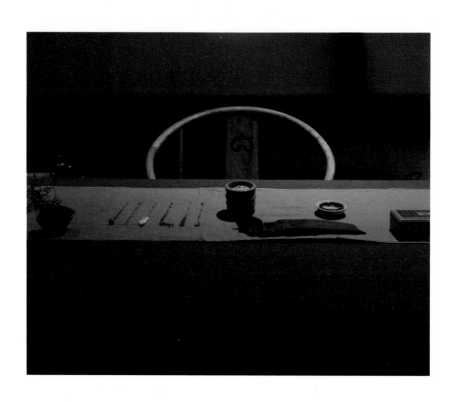

주인은 향회에 손님이 도착하기 전에 향실을 통풍시키고 손님을 맞이하는 영객향迎客香을 피운다. 손님이 들어오면 향석으로 청한다. 주인은 출입문과 가까운 자리에 앉으며 주인의 왼쪽이 상석이니 차례로 모신다. 참석 인원은 주인 외 4인에서 10인 이하가 적합하다. 자리에 앉으면 가능한 방명록부터 쓰도록 한다. 주인이 먼저 날짜와 초대 목적을 쓰고 돌아가며 지역과 이름이나 호를 쓴다. 그 뒤에는 깨끗한 백자나 유리잔에 연하게 우린 차를 올린다.

향회에는 2~3종의 향을 사용한다. 향은 저마다 다른 맛을 지녔지만, 그 기본 맛이 완전히 다르지는 않아 주향主香과 부향附香을 잘 선택해 조합해야 향회의 흥취를 끌고 나갈 수 있다. 향회에서 최상급 향만 쓰는 것은 오히려 과유불급이다. 주향으로 기남棋楠 한 종류만 선택해 그 특징이 뚜렷이 표현되도록 하고, 충루와 노산단 등을 부향으로 선택하는 정도면 충분하다. 손님들의 집중도에 따라 부향의 순서를 정하되, 마지막을 주향으로 마무리하는 것이 바람직하다.

향이 올라오기 시작하면 주인부터 품향하되 동작을 천천히 하여 손님이 따라 할 수 있도록 보여 주고 향로를 손님에게 전한다. 손님은 향을 받아서 주인과 같은 동작으로 세 번 호흡하며 품향하도록 하고, 숨을 뱉을 때는 고개를 살짝 오른쪽으로 돌려 향에 직접 내뱉는 날숨이 닿지 않게 한다. 손님

모두를 다 거쳐 향이 주인에게 돌아오면 잠시 향탁에 향로를 내렸다가 다시 주인부터 품향하고 손님에게 전한다. 이 과정을 세 번 반복하는데, 이는 향의 변화, 즉 초향初香, 본향本香, 미향尾香을 느끼기 위함이다. 한 종류 향의 초향, 본향, 미향을 다 맛본 뒤에는 다른 향 한두 종류를 더 바꾸어 품향을 한다.

한 가지 향을 품향한 후 향을 바꾸는 동안에는 시자侍者가 차를 조금씩 더해 손님들이 목을 축이도록 한다. 더 정확한 품향을 위하여 품향 과정에서 열이 세거나 약하면 속히 은편銀片을 내리고 향재를 다시 정리하여 온도를 조절하도록 한다. 향침으로 통풍구를 키우는 방법도 있다.

품향이 모두 끝나면, 주인은 손님들로 하여금 품향 소감을 쓰도록 권한다. 옛 문인들처럼 향시를 짓지 않아도 좋으니 부담을 버리되, 자신만의 소감이나 몸의 반응 등을 적는 것이 좋다. 주인은 감상을 모두 다 쓰기 전까지는 향의 이름을 알리지 않으며, 감상을 다 쓴 뒤 서로 의견을 나누도록 한다. 주인은 매번 향회의 품향 기록을 남긴다.

격화훈향법

　향도의 방법은 여러 가지이나, 가장 기본적이고 일반적으로 선호도가 높은 방법은 격화훈향법隔火薰香法이다. 운모雲母, 은엽銀葉 등을 사용해 향이 숯에 직접 닿지 않도록 훈향하는 것이다. 향이 불에 직접 닿지 않기에 향기는 나나 연기가 나지 않아 가까이 호흡을 할 수 있어 문인들이 가장 즐긴 방법이었다. 격화훈향법은 당대唐代의 향석香席에서 이미 사용되었으며, 송대宋代의 문인들의 향 생활을 사로잡기도 했다. 격화훈향법을 익혀 보면, 왜 수많은 옛 문인들이 이 향취에 푹 빠졌는지 그 이유를 저절로 알게 된다.

　다음의 격화훈향법 절차를 익히고 충분히 연습한다면, 이후 여러 품향법을 익히는 데 크게 도움이 된다. 품향법마다 조금씩 다르나, 기술의 화려함은 차이가 있을지언정 품향하는 그 기본은 같기 때문이다.

격화훈향법 준비

격화훈향법의 절차

1

점탄 點碳
숯에 불을 붙인다.

2

송회 松灰
향재를 고르게 한다.

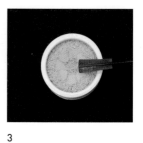

3

비탄위 備碳位
숯 자리를 만든다.

4

비향 備香
향을 준비한다.
침향은 미리 깎아서 준비해 둔다.

5

송탄 送碳
하얗게 탄 숯을 재 속에 넣는다.

6

매탄 埋炭
향재를 끌어모아 숯을 덮어 산의
형태로 만든다.

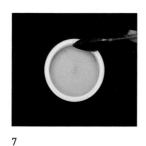

7

이회 理灰
향로 안벽에 묻은 향재를 깨끗이
정리한다.

8

타근 打筋
고르게 만든 잿더미에 줄을 친다.

9

탐화창 探火窓
숯의 열기가 올라오는 통풍구를
만든다.

10

비은편 備銀片
은편을 탐화창 위에 올린다.

11

송향 送香
은편 위에 향을 담는다.

12

완성

격화훈향법 연습

1. 향재 고르기

향로 속의 굳어 단단해진 향재가 부드러워지도록 갈아 준다. 같은 속도로 천천히 진행하는 것이 중요하다. 향로 정 가운데에서부터 균일한 회오리 모양으로 천천히 밖으로 나갔다가 다시 중심으로 돌아온다. 향침으로부터 향재가 톡톡 터지는 느낌을 즐기면 이 과정을 쉽게 완성할 수 있다.

2. 산 만들기

향재를 다 고른 뒤에는 숯을 향재 속에 넣고 산을 만드는 연습을 한다. 품향을 하는 데 있어서 가장 많은 연습을 필요로 하는 과정이다. 숯 자리에 하얗게 달궈진 숯을 넣고 향측을 천천히 눕히면서 향로를 향측 너비만큼 반시계방향으로 돌려 준다. 느리고 동일한 속도를 유지하며, 향측이 들어가는 깊이와 눕는 각도와 향로가 돌아가는 각도가 동일해야 예쁜 산을 만들 수 있다.

3. 향로 잡기

향로는 오른손으로 쥐고 왼손바닥 중심에 둔다. 반시계방향으로 돌려 향로의 위치를 잡은 뒤, 왼손을 빼어 향로를 잡는다. 쥐고 있던 오른손은 자연스럽게 위로 올리며 엄지와 검지가 맞닿도록 손을 볼록하게 만든다. 엄지와 손 사이에 만들어진 작은 틈이 향로 위를 덮도록 해, 그 틈으로 향이 올라오도록 한다. 향로를 가슴 앞으로 당겨 와 향을 맡는다.

4. 향 맡기

향을 맡을 때는 고개를 살짝 왼쪽으로 돌렸다가 정면으로 돌아오는데, 그동안 오른쪽 콧구멍부터 들이켜며 이어 왼쪽 콧구멍까지 향을 들이켠다. 그다음 오른쪽으로 고개를 돌리고 숨을 길게 뱉어 낸다. 이렇게 연속 세 번을 하되, 첫 번은 짧게, 두 번째는 가슴까지, 세 번째는 단전까지 숨을 들이켠다. 숨을 들이켜는 것보다는 뱉어 내는 것을 더 길게 한다. 처음 연습할 때는 동작을 조금 과장되게 하는 것이 연습에 도움이 된다.

5. 향로 전하기

향로를 손님에게 전할 때는 왼손바닥 중심에 향로를 올려놓고 향로를 시계방향으로 돌린 뒤 오른손으로 쥐어 손님의 왼손바닥에 올려 준다. 손님이 향로 받은 손을 위로 살짝 들어 '받았다'는 신호를 주면, 주인은 향로를 쥔 오른손을 뗀다. 이때 서로 눈길을 향로에 둔다.

6. 감상 쓰기

감상을 쓰는 것은 품향하는 데 있어 꼭 필요한 연습이면서 품향의 품격을 더하는 절차이기도 하다. 초기에는 향의 냄새와 맛에 대해 쓰고 차츰 익숙해지면 그 향을 맡았을 때의 몸의 반응, 더 나아가 향의 기氣와 교감한 느낌을 쓴다. 감상 문구도 간단히 쓰다가 점차 시를 쓰는 데까지 나가도록 한다. 그때야 비로소 당송唐宋 때 붓으로 먹을 찍어 시를 쓰던 문인들처럼 우리만의 아회를 만들 수 있을 것이다.

7. 향 익히기

매일 한 번씩 향도를 하며 향기를 기억하는 연습을 한다. 어느 정도 향에 익숙해진 뒤에는 여러 산지와 종류의 침향을 하루에 한두 가지씩 사용해 보는 것이 좋다. 향의 냄새와 맛을 반드시 말이나 글로 표현하는 연습을 한다. 이는 향기를 기억하는 데 큰 도움이 될 것이다.

사람은 500만 개의 후각세포를 지니고 있으며 3,000~10,000가지 냄새를 기억하고 구별할 수 있는 능력이 있다. 어떤 종류의 후각은 태어날 때부터 인지할 수 있지만 대부분의 후각은 새로운 냄새를 반복적으로 학습하며 인지하게 된다. 따라서 향을 알아가기까지는 부단한 연습이 필요하며, 이는 감각의 영역을 확장시켜 주게 될 것이다.

비관

비관鼻觀이란 쉽게 말해서 '호흡을 관찰하는 법'을 말한다. 향과 더불어 호흡을 하면서 공기가 코로 들어가 몸속 구석구석으로 퍼지는 것을 찬찬히 살펴보는 것이다. 또한 향의 오고 감을 바라보고 느끼되, 감각이 일더라도 이끌리지 않고, 자기의 내면을 주체적으로 들여다보는 하나의 수행법이기도 하다.

수년 간 청향觀香과 비관鼻觀에 대한 기록을 찾아 고전, 고시, 경전 등을 연구해 왔으나, 비관의 방법에 대한 상세한 기록은 찾기 어려웠다. 그러나 불경이나 고시古詩들에서 비관과 참선으로 지혜와 깨달음을 얻었다는 언급이 다수인 것을 볼 때, 지향하는 바가 하나임을 알 수 있다.

위빠사나 수행이나 템플스테이 등 특별한 일정에 참여하기 어려운 사람은 명상에 입문하기가 쉽지 않다. 또한 제대로 된 준비와 지도 없이 잡념을 없애고 정신과 호흡에 집중한다는 것은 다소 위험하기도 하고 실제 가능하지도 않다. 이러한 객관적 상황과 위빠사나 수행 중 몸소 겪었던 어려움을 향으로 극복했던 주관적 경험에 비추어 볼 때, 이제 막 마음공부에 입문하고자 하는 보통 사람들에게 향도는 매우 적합한 수행법이라 할 수 있다. 또한 일상생활에서 명상을 지속적으로 즐기고 싶은 사람들에게도 매우 좋은 방법이다.

향도는 물론이고 모든 수행에서 무엇보다 전제되어야 하는 것은 바른 마음가짐이다. 무릇 수행이란 것이 마음을 닦고 깨끗이 하는 것을 궁극의 목표로 삼는 만큼 역설적으로 들릴지 모르나 바른 마음가짐을 견지해야 제대로 된 성과를 얻을 수 있다. 바른 마음가짐은 다른 말로 바른 생각이라고도 할 수 있는데, 이것이 바로 불가의 팔정도 가운데 하나인 '정념正念'이라 할 수 있다.

마음과 몸은 둘로 나뉘어 있는 것처럼 보이지만 실제로는 하나이다. 만약 불안하다면, 마음만 갈팡질팡하는 게 아니라 몸도 비틀거리게 된다. 또한 몸이 건강하지 못하거나 평소 바른 자세로 걷거나 앉지 않으면 마음도 따라서 흔들린다. 서문에서 향을 하는 사람들이 반드시 지녀야 할 것으로 강조한, 고요하고 정갈한 마음가짐과 올바른 좌선의 자세는 향도를 통해 얻고자 하는 궁극의 깨달음으로 가는 첩경인 것이다.

비관 연습

1. 향을 알아차리기

향로를 쥔 손은 살짝 오른쪽으로, 고개는 약간 왼쪽으로 하여 향이 턱선을 치는 것을 알아차리는 연습을 한다. 향로 쥔 손을 가슴 앞에서 좌우로 살며시 움직여 본다. 향이 턱선 어딘가를 치고 오를 때, 향로와 얼굴이 정면을 향하도록 일치시키며 향을 들이켠다. 일차적으로 향을 찾아서 들이켜는 것까지 연습을 한다.

침향은 움직임이 있으므로, 향이 올라오는 것을 포착하여야 한다. 마음속으로 향이 왜 안 올까, 언제 올까 등의 생각은 하지 않는다. 아무 생각을 말고 그저 향이 오면 들이켠다. 생각이 생겨나고 소멸되는 것을 알아차리는 연습이 되는 과정이기도 하다.

지금부터는 향의 맛이나 향기에 대해 생각하지 않는다. 사람들은 향, 맛, 기운 등을 모두 기억하려는 습관이 있다. 비관은 냄새를 알아맞히는 퀴즈가 아니며 기억력을 향상시키는 법 또한 아니다. 향의 맛을 알려고 하는 그것 또한 잡생각일 뿐이다. 다른 생각을 멈추고 콧구멍으로 향이 들어갔다 나가는 것만 지켜보는 연습을 한다.

2. 호흡 세기 數息

초보자는 호흡을 세면서 자기의 마음을 집중시키는 연습을 한다. 향로를 향탁에 올려놓고 눈을 감은 뒤 호흡한다. 역시 코끝으로 향을 찾아본다. 향이 휘익 하고 올라올 때 숨을 들이켰다가 내쉰다. 또 향이 올라올 때 그 순간을 포착해 들이켰다가 내쉰다. 이렇게 향의 움직임과 리듬을 맞추어 호흡해 본다. 들이켜고 내쉬기를 5회 해 본다. 호흡이 길고 짧음에 신경 쓰지 말고, 향이 들어가고 나가는 호흡을 세는 데 집중한다. 이렇게 마음이 도망가지 않고 5회씩 호흡하는 것이 충분히 연습되면 8회로 늘린다. 이렇게 10분, 15분, 30분씩 호흡하는 시간도 조금씩 늘려 본다. 마음을 잡고 호흡 세기가 연습이 되면 다음 단계로 넘어간다.

3. 코에 집중하기

향이 오는 것을 알아차리고 향의 리듬에 맞춘 호흡이 능숙해질 즈음에는 수식數息을 하지 않고 향기에 따른 몸의 반응을 느끼는 연습을 한다. 향이 턱 선을 따라 오른쪽 콧구멍으로부터 왼쪽 콧구멍까지 오는 것을 알아차린다. 향이 인중을 치고 혹은 코끝을 치고 콧구멍으로 들어가는 것을 알아차린다. 그러고는 뱉는다. 숨이 콧구멍으로 나가는 것을 알아차린다.

4. 호흡을 관찰하기 觀呼吸

호흡을 관찰하는 데는 여러 단계가 있다.

첫 단계에는 향이 콧구멍으로 들어가고 콧구멍으로 나오는 것을 그냥 지켜보기만 한다. 이 단계에서는 명확하게 향이 들어오고 나가는 것, 즉 자신이 숨을 쉬고 있다는 사실 자체를 알아차리는 것이 중요하다. 다른 생각을 멈추고 향이 콧구멍을 따라 들어갔다 나왔다 하는 것에만 집중한다. 대부분 사람들은 두세 번은 호흡에 집중하다가 저도 모르게 다시 잡생각에 사로잡히게 된다. 그러면 마음을 다시 향으로 끌어온다. 향을 찾아서 다시 들어오고 나가는 숨 자체를 그저 바라보기만 한다.

다음 단계에는

들숨 날숨을 좀 더 길게 하면서 향이 콧구멍으로 들어갈 때 콧구멍 벽의 감각을 지켜보고, 다시 나오는 것을 지켜본다. 이럴 때도 마음이 자꾸 도망다닌다. 그러면 마음을 다시 붙잡고 콧구멍 안의 감각에 집중한다.

향기로운 향이 콧구멍으로 들어가면서 생기는 감각을 지켜본다.

향기롭고 기분 좋은 향이 콧구멍으로 들어가면서 생기는 감각을 지켜본다.

향기롭고 행복한 향이 콧구멍을 맴돌아 나가며 생기는 감각을 지켜본다.

그 다음 단계에는

향이 코로 들어가 코와 후두喉頭가 이어지는 곳에 침이 달게 고이는 것을 지켜본다. 향이 후두를 지나 가슴에 퍼지는 것을 지켜본다.

향의 기운과 사람의 체질에 따라 몸속에서 향이 퍼지는 것이 각기 다르게 나타난다. 가슴 속에서 맴돌기도 하고 옆으로 퍼지기도 한다. 또한 아래위로 혹은 앞뒤로 느껴질 수 있으나 어떻게 움직이든 그 퍼지는 모습을 역시 그냥 지켜보기만 한다. 초보자는 건강 상태에 따라 위, 비장, 특히 심장 쪽이 저리거나 통증이 있을 수도 있는데 그 역시 자연스러운 반응이므로 그저 알아차리고 지켜보기만 한다.

또 한 단계 나아가서

향의 기운이 가슴에서 팔을 거쳐 손바닥, 손가락 끝까지 퍼지는 것을 지켜본다. 풍습風濕이나 관절염 환자들은 이즈음 손바닥에 땀이 고일 수 있다. 그저 알아차리고 지켜본다. 열이 나는 손바닥을 지켜보고 다시 향이 팔에서 어깨, 어깨에서 가슴으로 돌아오는 것을 지켜본다. 이때 남녀의 신체 반응은 서로 차이가 난다. 대체로 남자들은 향이 단전을 치고 뒤로 올라 척추를 타고 목덜미를 거쳐 정수리를 치고 돌아오는데, 보통 여자들은 아랫배에서 모였다가 다시 가슴을 지나 코로 돌아온다.

감각에서 마음으로

향도는 후각의 연습을 통해서 감각을 알아차리고, 몸을 치유하고, 마음을 닦는 등의 여러 단계를 거치게 된다. 따라서 연습하는 사람의 인내와 노력에 따라 그 정도가 정해진다.

호흡을 할 때 늘 강조하는 것이 '지켜보기'다. 감각이 일어나고 사라지는 것을 알아차리고 그저 바라보는 것이다. 그 감각에 대해서 아무런 감정이나 반응을 하지 않는 평정심을 유지하는 훈련을 하는 것이다.

사람들은 좋은 향기나 강렬한 기운을 만났을 때 그것을 잡으려는 집착이 생긴다. 그 기운으로 인해 이제껏 몸이 접해보지 못했던 희열을 느끼면, 그 느낌을 다시 찾으려고 노력한다. 그러나 이러한 집착이야말로 향도든 명상이든 모든 수행을 가로막는 가장 큰 장애가 된다.

무릇 수행이란 몸과 마음에 깃든 번뇌와 욕망을 제거하고 청정하고 지혜로우며 평온한 마음의 경지를 체득하는 것을 목적으로 한다. 그렇다면 몸과 마음에 깃든 번뇌와 욕망은 어떻게 해서 생긴 것이며, 그것들은 어떻게 제거할 수 있는가? 먼저 번뇌와 욕망은 우리 마음에 본래 있는 요소가 아님을 알아야 한다. 그것은 어떤 조건들이 모여 발생한 것이다. 이를 연기緣起의 소산이라고 한다. 구체적으로는 여섯 개의 감각기관眼耳鼻舌身意이 이에 대응하는 여섯 개의 감각대상色聲香味觸法을 만나 번뇌와 욕망을 만들어 내는 것이다. 순수하지 못한 의도로 나쁜 대상을 눈으로 보면 나쁜 생각과 감정이 발생한다. 또한 나쁜 냄새를 비근鼻根이 상대하면 몸과 마음이 혼탁해진다. 그러므로 비관 수행은 좋은 향을 바르고 순수한 생각으로 대하여 몸의 감각을 향기롭고 청신하게 회복하는 일이다. 그리고 몸과 감각, 감정에 깃든 바르지 못하고 혼탁한 요소들을 제거함이 비관 수행의 일차적인 목표라 할 것이다.

비관 수행은 꾸준하고도 부지런히 하는 것이 필요하다. 날마다 향을 하며 향의 오고 감을 지켜보고, 호흡을 알아차리고, 그로 인해 일어나는 감각을 지켜보며 평정심을 기르고, 그 감각이 일어나고 사라지는 무상의 이치를 깨닫는 단계에까지 이르도록 한다. 이로써 몸 곳곳에서 일어나는 미세한 감각 또는 거친 감각들을 모두 점검하면, 온몸에 순수하고 맑은 향의 기운이 넘치면서 그 에너지로 몸 전체를 관통할 수 있다.

비관 수행을 하던 곳은 향의 기운이 넘치는 몸의 에너지로 인해 충만하게 채워진다. 그런 공간에는 누가 들어서더라도 몸과 마음이 평온해지며, 미움과 성냄이 저절로 사라지고 자비로운 마음이 채워짐을 느끼게 된다.

향도를 하는 사람이라면 언제나 평정한 마음을 지닐 뿐만 아니라, 홀로 해탈을 얻는 것에 멈추지 않고 자비로운 마음으로 자신이 누리는 평온함을 주변에 전하게 된다.

향도의 비관법은 이처럼 호흡의 예술로 삶의 예술을 이뤄내는 아름다운 여정이다.

향도의 비관법을 소개하였으나 명상이나 좌선을 접해 보지 않은 초보자는 제대로 된 교육을 받을 것을 권장한다. 능숙하지 않은 사람은 호흡을 할 때 몸에서 여러 가지 생리반응이 일어날 수 있으므로, 지도하는 사람이 없을 경우에는 긴 시간의 좌선을 가급적 피해야 한다.

■ 향도의 비관 수행 시 주의할 점

1. 품향을 할 때나 좌선을 할 때는 바른 자세로 앉는다.

2. 좌선은 오전이 가장 좋으며 늦은 밤은 피한다.

3. 차가운 곳을 피하고 따뜻한 곳에서 한다.

4. 품이 넉넉한 옷을 입는다.

5. 몸 상태가 안 좋을 때는 호흡 연습을 하지 않는다.

6. 배가 너무 부르거나 고플 때는 품향을 하지 않는 것이 좋다.

7. 여성인 경우, 생리나 임신 중일 때는 깊은 품향과 좌선을 피한다.

※저자가 향도의 비관 수행에 사용한 침향은 자연산으로서 수지의 형성이 잘 되어 있으며 기운이 맑은 것이다. 또한 예로 든 몸의 반응은 기운이 강한 침향과 기남을 선별해 사용했을 때 느낄 수 있는 것이다.

제 4 장

향 즐기기
———

향전

향의 모양을 내는 틀을 향전香篆, 또는 향인香印이라고 한다. 이를 사용해 연꽃, 구름 등 형태나 心, 福, 壽 등의 글자를 다양하게 만들 수 있다. 가루로 된 향분香粉을 향전 틀에 넣어 정리하면, 그 모양대로 향이 타 들어가는 모습을 즐길 수 있다. 향전을 이용하는 방법을 향전법 또는 향인법이라 한다.

당송 때는 향전 시 향이 타 들어가는 시간으로 시간을 측정하는데 사용하기도 하여 이를 백각향百刻香이라고도 했다. 용도와 시간, 난이도에 따른 다양한 향전이 생겨난 때이기도 하다.

향전법 준비

1

포회 鋪灰
재를 향로의 1/3 정도 깐다.
향회압으로 재 표면을 평평하게
만든다.

2

타전 打篆
고르게 정리된 재 위에
향전을 살며시 올린다.

3

첨향 添香
향시로 향분을 떠서
향전의 문양을 채운다.

4

향을 고르게
향선으로 흩어져 있는 향분을
긁어 깨끗이 문양 안으로 모아
넣는다.

5

취전 取篆
향이 흐트러지지 않게
조심스레 향전을 들어낸다.

6

연전 燃篆
문양의 시작 부분에 불을 붙인다.

■ 주의할 점

1. 향분은 습기가 들지 않게 밀봉된 병에 보관한다.

2. 향재 사용 후 습기가 들지 않게 밀봉된 용기에 보관한다.

3. 향로는 낮고 넓은 것을 사용한다.

향전을 감상하는 법에는 두 가지가 있다.

관전 觀篆

향전을 관찰하는 것을 말한다. 향전의 문양에 불을 붙이고, 불씨가 문양을 따라 깜박이며 타 들어가다가, 마침내 검은 재로 변하는 모습을 관찰한다.

관연 觀煙

연기를 관찰하는 것을 말한다. 피어오르는 연기를 관찰하면서 다양하게 변화하는 모습을 볼 수 있다.

향전을 사용하지 않고 문양을 만들 수도 있다. 재를 평평하게 고른 다음, 향침으로 문양을 만든다. 처음에는 한 줄만 그어서 연습하다가 곡선을 그리기도 하고 문자나 문양을 다양하게 만들어 보면서 즐긴다. 이때는 틀을 사용하지 않기 때문에 위의 향전법과 다소 상이하다.

1

포회 鋪灰
향재를 향로의 1/3 정도 깐다.
향회압으로 평평하게 만든다.

2

개향구 開香溝
고르게 정리된 향재 위에
향선으로 줄을 그어 홈을 만든다.

3

첨향 添香
향시로 향분을 뜬 뒤, 줄을 그어
홈이 파인 문양에 조심스레 채워
넣는다.

4

연향 燃香
문양의 시작 부분에 불을 붙인다.

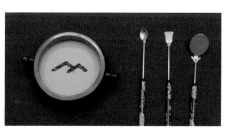

5

완성

선향

　선향線香은 와향臥香이라고도 한다. 가루향을 유수피楡樹皮(느릅나무 껍질), 남목분楠木粉(녹나무 가루) 등의 식물성 접착제와 반죽하여 만든 선線 형태의 향을 말한다. 사용이 편리하기 때문에 일상적으로 가장 많이 쓰인다. 북송北宋 때 이미 선향 제작에 대한 정밀한 기록이 있다. 예전에는 문인들이 직접 향을 배합하여 만들어서 사용하고 선물로도 많이 주고받았는데 그 품질은 더할 나위 없이 좋았을 것이다. 하지만 오늘날에는 수제품을 찾아보기 어려우며 대부분 공장에서 대량 생산하고 있다.

　선향은 다양한 용도에 따라 다양한 길이로 제작되었다. 전통적인 선향의 길이는 7cm, 14cm, 21cm 등이다. 오행팔괘五行八卦의 원리대로 멈출 지止를 뜻하는 7괘에 따라 7의 배수로 만들기 때문이다. 7cm는 휴대용으로 쓰고, 14cm은 문인들이 집이나 서재에서 주로 사용하며, 21cm 이상은 종교와 관련하여 쓰였다. 현재는 전통적인 길이 외 다양한 길이로 생산되고 있다.

　선향은 단향, 침향 등 한 종류의 향으로 만들기도 하나 여러 가지 향료를 섞어서 갖가지 효능을 내는 합향으로 많이 만든다.

　초기 입문자는 여러 산지의 침향 단일 품종으로 만든 것과 다양한 맛의 합

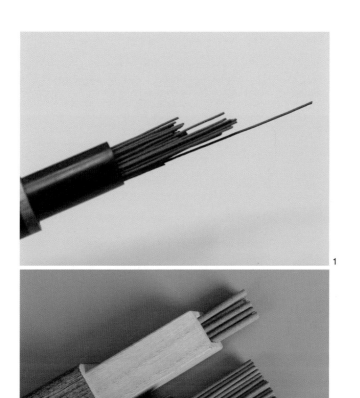

1 금사선향 金絲線香

송대 고전에 기록된 실오라기처럼 가는 금사선향.

제조 기술을 전승한 현대 중국 장인이 수제로 만들었다.

2 다양한 굵기의 선향

향을 구비해 향의 맛을 기억하는 연습을 하는 것도 좋다. 침향 한 종류와 단향, 또 본인과 맞는 맛의 합향 한 가지를 선택하여 매일 정해진 시간에 사용하면서 향과 맛을 기억하도록 한다. 완전히 기억했다는 생각이 들 때 향의 종류를 더하기 시작한다. 몇 달이 지나면 정확히 십여 종의 향을 기억할 수 있을 것이다. 후각의 연습은 향후 품향에 좋은 기초가 될 것이다. 단, 선향을 사용할 때는 연기가 코로 직접 들어가지 않도록 적당한 거리를 두고 은은하게 오는 향을 맡는 것이 좋다.

선향과 제작 방법이 같으나 모기향 모양의 환향環香도 같은 방법으로 사용하면 된다. 환향은 반향盤香이라고도 한다. 시중에는 저가의 화학성 접착제를 섞어 만든 선향이나 반향도 있으므로, 잘 감별하여 반드시 식물성 접착제를 쓴 것으로 골라야 한다.

화학성 향을 감별하는 방법은 다음과 같다.

1. 선향에 불을 붙여 타 들어가는 재를 손등에 떨어뜨려 본다. 천연향은 그 재를 손등 위에 떨어뜨려도 뜨겁지 않다. 이 실험은 간단하나, 화학 물질이 섞였다면 반대로 화상을 입을 수 있으니 조심해야 한다.

2. 천연향은 몸과 마음이 편안해져야 한다. 냄새가 자극적이고 머리가 아프거나 어지럽다면 화학향이라고 판단해도 좋다.

향 만들기

위의 여러 가지 향법을 익히면 선향으로 향연을 감상하는 데서 오는 만족으로만 그치기 어려워진다. 이럴 때 한 번쯤 손수 향을 만들어 보는 것도 무한한 흥취를 더할 수 있다. 향분을 반죽하고자 하면 많은 양이 소요되나, 그만큼 자신이 좋아하는 향을 선택하여 만들 수 있으니 재미가 한결 좋을 것이다.

재료를 선택할 때 유의할 점은, 단향은 향이 강해 침향의 향기를 가릴 수 있으므로 이 두 종류는 섞어 사용하지 않는 것이 좋다. 단향은 단일 품종으로 하는 것이 좋으며 합향의 배합시에도 아주 소량만 첨가한다. 유향과 용뇌를 배합할 때는 3% 미만으로 사용하며, 살짝 얼렸다가 가루를 내면 훨씬 만들기 쉽다. 사향이나 용연향은 정제 후 사용하는 것이 좋으며 전문적으로 배워서 쓰기를 권한다. 향을 배합할 때, 향의 효능보다는 서로 충이 되지 않는 것이 중요하므로, 전문적으로 배우지 않으면 한의사의 추천을 받는 것이 좋다.

선향 만들기

선향을 만들 때는 향과 접착제의 비율이 가장 중요하다. 향과 접착제의 비율은 10:1 미만으로 하는 것이 좋다. 유수피, 남목분 등 식물성 접착제를 준비한다.

준비물

야생꿀, 물, 향료, 접착제, 찻물, 저울, 반죽에 사용할 도구들

1

향과 식물성 접착제를 저울에
달아서 정량으로 준비한다.
향의 화기를 없애기 위해 찻물을
준비한다.

2

먼저 물과 꿀을 2:1 비율로 섞어
약한 불에 올려 끓인다.
보글보글 끓기 시작하면 불을
끈다.

3

향과 접착제를 용기에 넣고
골고루 섞는다.

4

3에 찻물과 끓인 꿀을 넣고
반죽한다.
반죽 후 비닐에 싸서 두 시간
이상 숙성시킨다.

5

숙성된 향을 콩알 크기만큼 잘라
손끝으로 밀어서 가늘게 만든다.
향이 마르지 않도록 신속히
완성해야 한다.

6

부채처럼 접은 종이에 끼우거나
매끈한 대나무발 위에 넣어 살짝
마르면 휘어지지 않게 다시
모양을 잡아 주고 같은 길이로
잘라 준다.

수제로 만들다 보면 아무래도 기계처럼 곧게 만들기는 어렵다. 다 만든 뒤에는 다소 휘어 있는 선향을 곧은 모양으로 잡아 정리하고 길이를 맞춰 자른 뒤, 통풍이 되는 원단으로 덮어 서늘하고 햇볕이 들지 않는 곳에서 2~3일가량 천천히 말린다. 마르지 않은 향을 향통에 넣으면 곰팡이가 생길 수 있으니 꼭 완전히 말린 후 보관하도록 한다.

향을 만든 뒤 6개월 이상 숙성시켜 사용하면, 연기는 적으며 향은 더욱 은은하게 즐길 수 있다. 특히 고전古典의 향방香方 대로 만든 합향은 차갑고 통풍이 잘 되는 곳에서 오랜 시간 숙성시켜야 그 효능을 발휘한다.

탑 향 만 들 기

탑향塔香을 한국에서는 뿔향이라고도 한다. 원뿔 형태로 연기가 아래로 흐르는 것은 도류향倒流香이라고 한다. 수석이나 나뭇가지에 올려 두면 폭포가 아래로 흐르는 모습을 연상케 하여 찻자리에서 많은 사랑을 받는 향이기도 하다.

준비물은 선향을 만들 때와 같으며 반죽까지의 절차는 선향과 동일하다.

1
숙성된 향을 적당한 양으로 잘라 손으로 원뿔형을 만들어 준다.

2
향침을 사용해 원뿔 바닥 중앙에서 뿔 끝으로 뚫고 나오지 않을 정도로 찔러 구멍을 낸다.

3
만든 뿔향을 대나무발에 세워서 선향과 같은 조건으로 일주일 이상 말린다.

향환과 향병 만들기

향환香丸과 향병香餠 등의 제작은 선향이나 환향보다 1000년 이상 오래된 역사를 지니고 있다. 합향의 가장 중요한 점은 꿀을 넣는 밀련蜜煉이다.

합향은 수많은 배합 방법과 그 명칭이 있으나 가장 많이 알고 있는 송대 문학가 소동파 소식蘇軾과 소철蘇轍 두 형제가 만들어서 이름 붙인 '이소구국二蘇舊局'의 향방으로 만들어 보도록 한다.

준비물

침향, 단향, 유향, 호박, 야생꿀, 말리화

160

1

꿀을 끓인다.

2

침향, 단향을 잘게 썰고 가루를
낸다.

3

유향, 호박을 빻아 섞는다.

4

골고루 섞은 2와 3을 끓인 꿀에
넣고 반죽한다.

5

반죽을 조금씩 떼어 작은 환으로
만들어 말리화茉莉花에 굴린다.

6

말리화와 같이 도자기 향합에
넣어 보관한다.

햇볕이 들지 않고 통풍이 잘 되며 찬기가 도는 곳에서 천천히 말린 후 뚜껑을
덮고 두 달 이상 숙성시킨다. 숙성된 향은 전기향로에 훈향하는 것이 가장 편리하
며 향낭에 넣어 몸에 지니어도 효능이 있다. 특히 여름에는 기온과 체온이 높아 더
그윽한 향이 올라오며 땀내 제거에도 좋다. 순수한 자연향을 사용하는 것이 시중
에 판매되는 향수보다 건강할 뿐만 아니라 향기도 훨씬 청아하다.

제 5 장

향로와 향도구

향로

　향로는 문헌을 통해 알 수 있는 가장 오래된 역사인 상고시대上古時代부터 사용되었다. 향로의 형태도 시대별로 다양할 뿐만 아니라 동銅, 도자陶瓷, 나무 등 그 재료 또한 다양하다. 지금의 향로 형태는 송대에 그 기반이 마련되었다. 송대는 도자陶瓷 공예가 상당히 발전하여 대량의 도자 향로를 생산하였다. 송대의 5대 관요인 여요汝窯, 관요官窯, 가요哥窯, 정요定窯, 균요鈞窯에서 수많은 명작 향로가 제작되었다.

　도자, 돌, 은 등 재질은 문향용聞香用 향로로 적합하며 동, 쇠 등의 재질은 약간의 금속 냄새가 나므로 향전용香篆用으로 사용하는 것이 적합하다. 문향용 향로는 한 손으로 집기 좋을 만한 크기가 좋으며, 향전용 향로는 취향에 따라 다양한 크기를 사용하면 된다.

1 명. 쌍용이궤식동향로 雙龍耳簋式銅香爐
2 명. 팔괘선문삼운반족통식동향로 八卦旋文三雲板足筒式銅香爐
3 청. 조천이상족회문장방궤식동향로 朝天耳象足回文長方簋式銅香爐

1 덕화백자금로 德化白瓷琴爐

2 덕화백자죽절품향로 德化白瓷竹節品香爐

3 덕화백자사이향전향로 德化白瓷獅耳香篆香爐

4 덕화백자품향로 德化白瓷品香爐

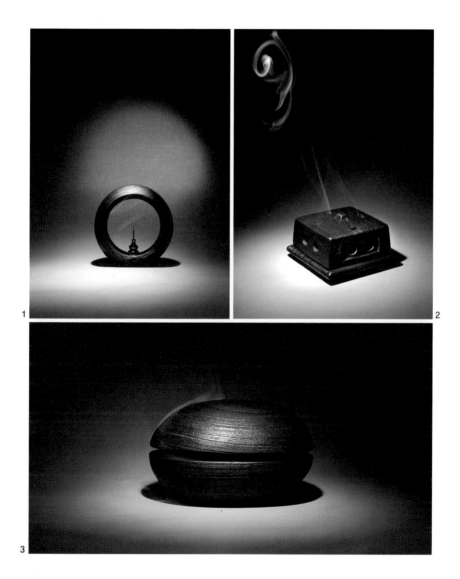

1 **금단먹묵석향로공** 金檀墨玉石香爐空
2 **금단먹묵석향로** 金檀墨玉石香爐
3 **금단먹묵석향로** 金檀墨玉石香爐

향합

향합에는 향을 담은 은편을 넣는다. 은, 동, 주석 등의 금속 또는 도자, 돌,
옥, 나무 등 다양한 재질을 사용해 만든다.

원앙타원옥향합 鴛鴦橢圓玉香盒

1 청. **운룡문옥향합** 雲龍紋玉香盒
2 청. **청화삼층향합** 靑花三層香盒
3 청. **학문은향합** 鶴紋銀香盒

향도구

기본적인 향도구는 아래와 같다.

집게香夾 • 은편, 운모 등을 집는 데 쓴다.

향시香匙 • 향을 뜨는 데 쓴다.

향측香側 • 향재로 숯 자리를 만들고 산을 만드는 데 쓴다.

향저香筷 • 숯을 집는 데 쓴다.

향회솔香灰刷 • 향로를 깨끗이 정리하는 데 쓴다.

깃털羽掃 • 향회솔처럼 향로를 깨끗이 정리하는 데 쓴다.

정화頂花 • 향재에 무늬를 내고, 통풍구를 내는 데 쓴다.

향회압香灰壓 • 향재를 정리하고 누르는 데 쓴다.

향선香鏟 • 향선 시, 향분을 문양 안에 정리해 넣는 데 쓴다.

청. 정화은향도구 頂花銀香道具

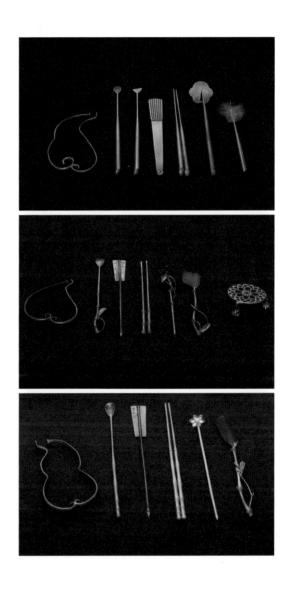

그 외 부수적인 도구들의 명칭은 다음과 같다.

향칼香刀 • 향을 자르는 칼

도마切板 • 향을 자를 때 받침으로 쓰는 도마

은편銀片, 은엽銀葉 • 향을 담아 올리는 은으로 된 조각

운모雲母 • 향을 담아 올리는 투명한 조각

탄가炭架 • 숯을 올려두는 금속 망

향탄香碳 • 향도에 사용하는 숯

향재香灰 • 향도에 사용하는 재

향전香篆 • 향분으로 문양을 만드는 틀

청. 연화조각류금향도구 蓮花雕刻鎏金香道具

제 6 장

향의 종류

침향

　침향沉香은 서향과瑞香科, 감람과橄欖科, 대극과大戟科, 장과樟科 등 여러 수종의 응목수鷹木樹, 완향수莞香樹, 밀향수蜜香樹 등 여러 나무들에서 나타난다.[15] 최소 10년 이상의 일정한 수령이 되어야 하며, 벼락을 맞거나 벌레에게 먹혔거나 인위적으로 상처를 입었을 때 세균의 오염으로부터 남은 목질을 보호하려는 수지가 형성되며 만들어진다. 나무가 세균에 감염되면 서서히 화학적 변화가 일어나, 목질에 수지樹脂, 리날로올linalool 등의 성분이 만들어지는데, 이를 결향結香이라 한다.

　자연 상태에서 향이 형성되려면 매우 오랜 시간이 필요하며, 결향 시간이 오래될수록 향의 품질이 높다. 향이 형성되면 그 밀도가 증가해 물에 가라앉는 특성 때문에 침향 혹은 침수향이라 부른다. 그러나 모든 침향이 물에 가라앉는 것은 아니다. 침향의 결향 시간과 기타 원인으로 인해 가벼워져 물에 가라앉지 않는 것이 대부분이다. 침향은 베트남, 라오스, 인도, 캄보디아, 인도네시아, 말레시아, 중국 남부 등 열대와 아열대 지방에서 주로 난다.

---

15) 침향 재배업이 발전하여 요즘에는 향목을 심고 세균을 투입하여 대량의 인공 침향을 생산한다. 성장이 빠르고 세균 흡수가 빠른 여러 수종을 재배종 침향목이라고 명한다.

향이 좋다

형성 원인에 따른 구분

생결 生結

칼이나 도끼 등 인위적으로 나무에 상처를 내어 침향이 생기도록 한 것으로, 나무가 살아 있는 상태에서 생긴 향을 말한다. 수지의 형성이 비교적 적은 침향을 생결生結, 생향生香이라 한다.

숙결 熟結

폭풍이나 벼락으로 나무에 상처가 생기거나, 동물이 나무를 할퀴는 등 자연적으로 해를 입었을 때 생긴다. 살아 있는 나무에 수지가 생긴 뒤 쓰러져 물속이나 땅속에 묻혀 오랜 시간을 통해 형성된 것을 숙결熟結, 숙향熟香이라 한다.

충루 虫漏

개미나 좀벌레 등 벌레가 갉아먹어 만들어진 것으로, 수지 분비물이 틈새에 집중되어 형성된 침향을 충루虫漏라고 한다.

도가 倒架

벼락이나 기타 자연재해로 나무가 쓰러져 다 썩은 후 생긴 향을 말한다.

향기에 따른 구분

혜안계 惠安繫

    단맛이 난다. 매운맛과 연유향이 나고 시원한 것이 특징이다. 혜안은 베트남의 침향 집산지인 호이안(Hoi An)을 말한다. 혜안계의 산지는 베트남, 중국, 캄보디아, 라오스, 미얀마, 태국, 인도 등을 포함한다. 베트남은 혜안, 야장(Nha Trang), 순화(Hue), 부삼(Fussen) 등지이며, 중국은 해남, 광동, 광서, 운남 등지이다.

성주계 星洲繫

    향이 비교적 진하고 깊으며 비릿한 맛이 난다. 성주계 침향은 수지 밀도가 높아서 침수되는 것이 많으며, 조각용으로 많이 쓰인다. 성주는 싱가포르의 옛 지명으로, 싱가포르에서는 침향이 나지 않았으나 집산지로 유명하였다.

    성주계의 산지는 말레이시아, 인도네시아, 브루나이, 파푸아뉴기니 등이다. 서말레이시아 침향은 맛이 혜안계와 유사해, 혜안계로 둔갑되어 팔리기도 한다. 시중에 나와 있는 고가의 베트남이나 캄보디아산 침향 염주는 대부분 서말레이시아의 침향이다.

1 말레이시아 침향
2 베트남 충루
3 홍토침
4 혜안

5 베트남 침향
6 해남 파왕침
7 캄보디아 충루
8 라오스 홍토

완향계 莞香繫

　향기가 맑고 꽃향과 꿀맛이 동시에 올라온다. 중국 향계에서 가장 선호하는 향이다. 완향계의 대표적인 것은 중국 해남의 애향崖香이다. 완향계는 중국산 침향으로, 주요 산지는 해남, 광동, 광서, 운남, 귀주 등이 있으나 해남 외 다른 지역은 품질이 좋지 않다.

향의 형태에 따른 구분

아향 牙香

　모양이 말의 이빨처럼 작게 생긴 것.

엽자향 葉子香

　얇은 조각 형태.

계골향 鷄骨香

　얇고 속이 비어 있어, 형태가 닭 뼈처럼 보이는 것.

수반두 水盤頭

부피가 크며 질이 연하다.

마제향 馬蹄香

두터운 원형에 가까우며 말발굽처럼 새겼다.

수심재 樹芯材

나무 속 부분으로 길쭉하고 커다랗다. 수지가 많고 밀도가 높다.

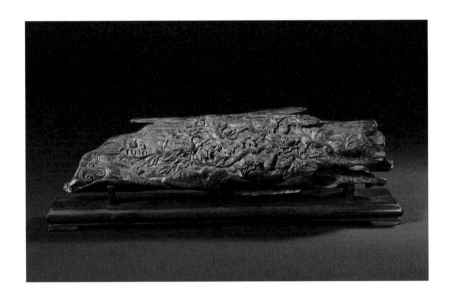

침향의 효능

침향은 예부터 진귀한 약재로 쓰였으며, 그 맛은 신辛, 고苦, 온溫 하며, 막힌 것을 뚫어 기를 통하게 하고, 신장을 따뜻하게 하여, 악기惡氣를 막으며, 정신을 맑게 하여 사귀邪鬼를 막는다고 했다.

중국 명나라 목희옹繆希雍이 편찬해 1625년에 간행된 《신농본초경소神農本草經疏》에도 향의 효능을 다룬 대목이 있다.

凡邪氣之中，人必從口鼻而入。

口鼻為陽明之窍，陽明虛則惡氣易入。

得芬芳清揚之氣則惡氣除，而脾胃安矣。

무릇 삿된 기운 안에 있으면 필히 입과 코를 통해 들어온다.

입과 코는 양명의 구멍인지라, 양명이 허하면 곧 악한 기운이 쉬이 침입한다.

향기롭고 맑은 기운을 얻게 된즉 악한 기운이 제거되며 비위가 편안해진다.

다음은 1107년에 발간한 중의학 서적 《증주태평혜민화제국방增註太平慧民和劑局方》에 나온 기록이다.

食饮少味，肢体多倦。

常服饮食增进，腑脏和平，肌肤光悦，颜色光润。

입맛이 없거나 몸이 피로함을 치료한다.

오래 복용하면 기를 원활하게 하고 나쁜 기운을 바로 잡는다.

장기 기능을 증진하고, 피부를 탄력 있고 윤기 나게 한다.

역대 중국 의학서적과 의학자들은 침향의 약용 가치를 높이 평가하였다.

療風水毒腫，去惡氣。

풍습과 독종을 치료하고 악한 기운을 없앤다.

_《별록別錄》중에서

療惡核毒腫。

결핵과 독종을 치료한다.

_《본초경주本草經注》중에서

主心腹痛，霍亂，中惡，清神。

並宜酒煮服之；諸瘡腫宜入膏用。

심복통, 급성 위장병, 복통을 치료하며 정신을 맑게 한다.

술에 끓여 복용하고, 모든 창종에는 고약으로 사용한다.

_《해약본초海藥本草》 중에서

調中, 補五臟, 益精壯陽, 暖腰膝, 去邪氣。

止轉筋, 吐瀉, 冷氣, 破症癖, 冷風麻痹, 骨節不任,

濕風皮膚癢, 心腹痛, 氣痢。

오장을 보하고 정기精氣를 보익補益하고

허약한 심신의 양기陽氣를 강장强壯시키며

허리와 무릎이 따뜻해지며 사기를 막는다.

근을 바로잡으며 설사, 냉기, 파상풍을 막으며

냉풍마비, 관절통, 풍습, 피부염, 심복통, 이질을 고친다.

_《일화자본초日華子本草》 중에서

補腎, 又能去惡氣, 調中。

신장을 보하고 악한 기운을 막고 몸을 조정한다.

_《진주낭珍珠囊》 중에서

治上熱下寒，氣逆喘息，大腸虛閉，小便氣淋，男子精冷。

위가 뜨겁고 하체가 차가운 것을 고치며

숨이 가쁘고 대장이 허하고 막히고 소변을 흘리고 정액이 냉함을 치료한다.

_《강목綱目》중에서

堅腎，補命門，溫中，燥脾濕，瀉心，降逆氣，凡一切不調之氣皆能調之。

並治療口毒痢及邪惡冷風寒痺。

신장을 튼튼하게 하고 명문을 보하며 몸을 온하게 바로잡으며

비장이 습하고 심장을 든든하게 하며 모든 바르지 않은 기를 바로잡는다.

_《의림찬요醫林纂要》중에서

이 외에도 《약품화의藥品化義》,《본경봉원本經逢原》,《대동약물학大同藥物學》등 수많은 고서들에 침향의 약용에 대한 내용이 기재되어 있다.

1 베트남 침향 염주
2 인도네시아 침향 조각품
3 말레이시아 침향 팔찌

벽립만인 壁立萬仞 (옹하당雍荷堂 소장)

奉石如意 色玉成草芝之形 服之長壽 考賜膳飯 唼書□

기남

침향 중 최고품을 기남棋楠이라고 한다.

기남은 범어梵語에서 온 단어로서 당대의 불경에는 '다가라多伽罗', '가람伽蓝', '가남伽楠', '기남棋楠' 등 여러 가지 명칭으로 기재되어 있다. 고대에는 경지琼脂라고 불렀으며, 통상적으로는 침향 재료 중 아주 일부에서만 기남이라 부를 수 있어 극히 진귀하다. 기남은 침향보다 더욱 부드럽고 온하다.

침향은 수지가 바깥 부분에서 안으로 생겨서 표면의 수지가 내부보다 많아 보인다. 그러나 기남은 표면보다 내부에 수지가 더 많이 형성되어 있다. 침향은 단단하여 칼로 깎을 때 연필을 깎듯이 말리거나 부스러기로 잘리지만, 기남은 부드럽고 연하여 얇게 말리면서 깎이고 홍삼을 자르는 듯 쫀득한 느낌이 있다.

침향의 향기는 안정적이고 진하거나 연한 정도의 변화가 있으나, 기남은 단계감이 풍부하여 초향, 본향, 미향이 뚜렷하게 다르다. 기남은 향의 변화가 다양하고 기氣의 움직임이 상당히 강하다. 기남은 선명한 향 외에도 혀끝에서 매운맛, 단맛, 쓴맛, 신맛 외에 아리고 얼얼한 맛이 강하나 침향은 그 맵고 얼얼한 맛이 부족하다. 질 좋은 기남은 송대 때 이미 황금의 몇 배 가격이었다.

중국 명말청초 때의 학자 굴대균屈大均의 《광동신어廣東新語》에 기남의 맛에 대한 세밀한 표현이 있다.

迦楠軟, 味辣有脂, 嚼之黏齒麻舌, 其氣上升, 故老人佩之少便溺。

가남은 부드러우며 매운 맛에 기름지다. 씹으면 이에 진득하게 붙으며 혀가 얼얼하다. 그 기운은 위로 솟구치며 노인이 몸에 지니면 소변장애를 완화시킨다.

기남은 수지가 생성된 형태에 따라 백기남, 황기남, 자기남, 녹기남 등으로 구분하고 난화결蘭花結, 금사결金絲結, 당결糖結, 앵가록鶯歌綠, 철결鐵結이라 표현하기도 한다.

백기남 白棋楠

단면에 검은색과 금색으로 불규칙하게 섞여 있는 것이 보인다. 기남의 가장 전형적인 부드럽고 쫀득한 느낌이 난다. 다른 기남보다 움직임이 활발하여 향의 확산과 침투력도 기남 중 가장 높다. 시원한 맛이 강렬하며 밀향, 유향, 꽃향, 과일향 등 다섯 가지 변화가 뚜렷하다.

녹기남 綠棋楠

색상이 회녹색을 띠며 수지의 형성이 실오라기처럼 줄줄이 되어 있다. 초향은 옅고, 본향은 단맛과 시원함이 어울려 나며, 미향尾香에서 우유향으로 전환된다. 백기남보다 유연하면서 숙향 특유의 긴 여운이 있다.

자기남 紫棋楠

자기남은 베트남 특산품이다. 깊은 아몬드 맛이 가장 선명하며 초향의 단아한 꽃향기가 순식간에 강렬한 달고 시원한 맛으로 변하는 것이 특징이다. 현재 기남 중에서도 진품을 찾기 힘든 것이 자기남이다.

황기남 黃棋楠

'금사결'이라고 불릴 만큼 황색과 금색으로 이루어져 있으며 촉감이 유난히 부드럽다. 초향이 짧으나 본향에서 깊은 단맛이 나며 우유향이 가장 강하다. 불에 채 닿지 않은 그대로는 향기가 거의 없는 듯하나 훈향 시 향기가 멀리 퍼진다.

흑기남 黑棋楠

흑기남은 기남인지 아닌지에 대한 논란이 많다. 기남의 침투력을 가지고 있지 않으나 절면이나 촉감이 기남의 형태를 가지고 있다. 기남이라고 부르지만 수지의 형성으로 보아 침향으로 분류하는 것이 적합하다.

기남의 맛과 향은 개인에 따라 느낌이 다를 수 있다.

난화결蘭花結은 자기남의 상급과 녹기남의 향기를 표현할 때, 금사결金絲結은 황기남의 결을 표현할 때, 앵가록鶯歌綠은 녹기남의 최상품을 일컬을 때 쓰는 표현이다. 수지 결정 형태를 뜻할 때는 밀결蜜結, 당결糖結, 철결鐵結 등으로 표현한다.

기남의 효능

기남은 진귀한 항균형 약재로 사용된다. 인체 내장기능과 신진대사를 촉진시키고, 기를 바르게 잡고, 진통을 멎게 하고, 막힌 응어리를 뚫어 주고, 심장기능에 특효가 있다.

유명한 단약 중 심장특효약으로 불리는 구심救心, 안궁우황환安宮牛黃丸 등에 주로 쓰인다.

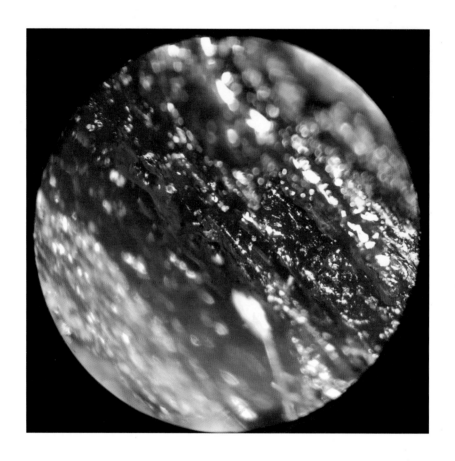

현미경으로 본 기남

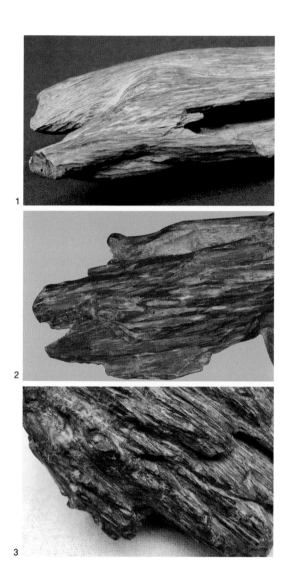

1 백기남
2 황기남
3 자기남

단향

단향檀香은 단향목檀香木이라 하며 단향과 상록교목常綠喬木이다.

인도, 동남아, 호주 등의 지역에서 나며 지금은 중국의 광동, 대만에서 재배한다. 단향목은 반기생식물로서 생장이 느려 수십 년이 되어야 높이가 10여 미터쯤 된다.

단향은 전단旃檀이라 칭했으며, 4대 명향 침단용사沈檀龍麝인 침향, 단향, 용연향, 사향 중 둘째가는 향이다. 단향의 향기는 우유맛을 띤 밀향蜜香이 난다. 시원한 맛이 강하고, 침투력이 강하며, 바람을 거슬러 향을 내는 것이 특징이다. 단향은 침향처럼 움직임은 없지만 강하고 지속적이어서 정향제定香劑로 많이 쓰인다.

우유향이 진하고 단맛, 짠맛, 매운맛, 시원한 맛이 뚜렷한 인도의 단향을 상품上品으로 치며 노산단老山檀이라고 한다. 노산단은 무늬가 진하고 뚜렷하며 오래될수록 색상이 진해지면서 향도 강해진다. 색상이 연하고 문양이 큰 호주나 중국의 단향을 신산단新山檀이라 하는데, 이것은 향이 연하고 우유맛이 부족하다.

1 침향
2 단향
3 강진향

중국에서는 단향을 백단, 황단, 자단으로 구분한다. 북송 홍추洪芻의 《향보香譜》에는 '색이 누런 것을 황단, 깨끗하고 흰색을 띤 것을 백단, 껍질이 부식되고 자색을 띤 것을 자단이라고 하며, 무겁고 향이 청아한 백단이 질이 좋다'고 기록되어 있다. 향에서 일컫는 자단은 중국에서 최고의 가구로 치는 자단과는 다른 수종이다.

단향은 불교의 향이라고 불릴 만큼 기운이 바르고 사용할수록 영혼이 깨끗해진다고 한다. 단향은 소염, 해독에도 많이 쓰인다.

침향, 단향 이외의 향들은 대부분 단일 향으로 훈향을 하지 않고 각기 좋은 장점이 드러나도록 여러 가지를 배합하여 사용한다.

여러 가지 향 재료를 배합하는 것을 합향이라고 하는데, 합향의 세계는 다채롭고 무궁무진하다. 향은 향약이라고 불리는 만큼 그 효능 또한 다양한데 합향은 양생에 도움이 된다. 향료들을 배합해 가루향으로 쓰거나, 반죽하여 가느다란 선향 혹은 탑 모양의 향을 만들어 쓰거나, 반죽 후 환으로 만들어 오랜 시간 숙성시킨 뒤 훈향하거나 몸에 지님으로써 원하는 효능을 얻을 수도 있다. 티베트나 중국 도교에서는 이와 관련된 다양한 사용법이 전해져 오고 있다. 주로 쓰이는 다양한 배합용 향 가운데는 시향, 용연향 등의 동물 향도 있다.

기타향

강진향

강진향降眞香은 중국 해남도에서 생산되며 강진降眞, 강향降香, 계골향雞骨香, 자등향紫藤香 등의 여러 이름으로 불린다. 환경과 외부의 침해 즉 비바람이나 번개, 벌레나 새 등에게 해를 입고 그 부위가 감염이 되었을 때 수지가 분비되면서 생긴다. 그 수지의 생성 과정이 침향의 생성 과정과 흡사하고, 그 이름 또한 계골雞骨이라 한다.

강진향은 지혈, 진통에 쓰이며 붓기를 없애고 새살이 돋게 한다. 도상刀傷에 많이 쓰인다.

사향

    사향麝香은 사향노루 수컷의 배꼽 뒤 생식샘 부근에 있는 달걀 모양의 분비샘에서 나오는 분비물이다. 이것은 사향노루 수컷의 향낭에서 항시 분비되는 것은 아니며, 교배하기 전 몇 달간 분비되는 것이다. 액체의 분비물은 향낭에 고여 있다가 미생물의 침입으로 고체인 사향인麝香仁으로 변한다. 이것이 향약으로 사용하는 사향이다.

    사향은 주로 중국, 러시아, 몽골, 네팔 등의 나라에서 생산된다. 중국의 서장西藏, 사천四川 서북부, 청해靑海 동남부의 사향이 상급上級이며, 감숙甘肅, 섬서陜西, 러시아 시베리아 남부, 몽골의 사향을 중급으로, 중국 운남과 서장 남부, 네팔 등지의 사향을 하급으로 구별한다. 사향은 향이 매우 진하고 강렬하여 오랫동안 흩어지지 않는다.

    원상태의 사향은 강하고 고약한 비린내가 나며 포제 후에야 기이한 향이 난다. 단독으로 사용하지 못하며 뜨거운 물에 녹여 다른 향과 배합하든지 아니면 알코올에 담가 사용한다. 사향은 삿되고 악한 기운을 없애며 충독蟲毒을 없애고 장복하면 악몽을 없애고 신진대사를 촉진시키는 효능이 있으나 주의해야 될 부분이 더 많아 예로부터 사향은 과하게 쓰지 않는다고 하였다. 그 향기는 강렬하고 움직임이 강하여 특히 생장기 어린이나 임신 중인 여성은 피하는 것이 좋다.

용연향

중국 고대에서 '용이 흘린 타액'이라는 전설로 신비로움을 더하여 용연향 龍涎香이라 이름 지었다. 용연향은 향유고래의 토사물이다. 향유고래가 물고기나 오징어 등을 다량 삼키고 소화를 시키는 과정 중 위에서 소화하기 힘든 위액과 찌꺼기들을 토해 낸 것이 용연향이다. 토해 낸 찌꺼기는 가벼워서 수년 혹은 수십 년 바다 위를 떠다니다 해안가로 떠밀려 와 발견되곤 한다.

용연향은 회백색, 진한 갈색 혹은 검푸른색 등의 결석 형태로서 비리고 고약한 냄새가 난다. 형성된 시간이 짧은 것을 생향生香이라 하며 오랜 시간의 숙성을 거쳐야 향약으로 쓸 수 있는 숙향熟香이 된다. 그러면 거무스름하던 용연향이 차츰 연한 색으로 변하여 회색, 흰색에 가까울 정도로 변화된다.

용연향은 단독으로 사용할 수 없으며 포제泡制[16] 후 정향제로 쓰인다. 선향이나 합향에 용연향을 배합하면 향이 안정적이며 오랜 시간 지속된다. 용연향을 직접 태웠을 때 연기를 가위로 자를 수 있어 종교 활동에서 많이 썼다고 한다.

---

[16] 한의학에서 약의 성질을 그 쓰는 경우에 따라 알맞게 가공 처리 하는 일. 우리나라 말의 법제法製와 유사한 뜻으로 쓰인다.

1 용연향
2 사향

1 용뇌
2 안식향
3 유향

용뇌

용뇌목龍腦木은 열대우림에서 자라며 세계 각 지역에 분포되어 있다. 용뇌향은 용뇌목에서 응결되는 백색의 결정체로서 빙편冰片, 서뇌瑞腦, 편뇌片腦 등으로 불린다.

향은 농유하나 연기가 적으며 맑고 시원한 향이 특징이며, 불교에서 관불의식에 쓰는 주요 향약 중 하나로 밀종의 오향(침향, 단향, 정향, 율금, 용뇌)에 속한다. 용뇌 산지에서는 용뇌고를 불전의 등유로 사용하기도 한다.

용뇌는 정신을 맑게 하고 어지럼증에 효과가 있으며 진통, 해열, 상처, 궤양에도 쓰인다. 소량 훈향하여도 두통이 완화되는 효능이 있다. 장복을 하면 편두통이 생기기도 하기에 향약은 의사의 처방에 따라 복용을 하여야 한다.

용뇌향은 맛과 기운이 예리하여 가장 먼저 두드러지는 향이다. 합향을 하게 되면 가장 먼저 용뇌향이 감별된다.

유향

유향乳香은 아라비아반도와 에티오피아 등의 감람과橄欖科 유향목의 수지가 말라 형성된 향이다. 귀한 향약으로 그 이름은 아랍어의 유즙乳汁이라는 뜻에서 온다.

서양에서 몰약沒藥과 함께 유구한 역사를 지니며 그만큼 중요한 위치에 있는 향이다. 양생과 의료, 미용, 종교 등에 널리 쓰이며 고대 로마, 고대 이집트에서 신을 모시는 데 대량으로 쓰였다.

유향은 기를 통하게 하고 혈을 돋우며 붓기를 없애고 새살이 돋아나게 하여 중약재로 많이 쓰인다. 훈향으로도 소염, 해열 등 효능이 있으나, 과량 섭취하면 복통, 두통이 올 수도 있기에 의사의 처방 하에 복용해야 한다.

안식향

　안식향安息香은 안식과 식물의 수지樹脂다.

　안식향은 안식安息(지금의 이란)에서 최초로 전해 들어오면서 음역으로 안식이라 하였으며 후세에는 그 효능을 재해석하여 이 향이 악한 것을 없애 며 모든 사기邪氣를 가라앉힌다 하여 안식향이라 이름 한다고 《본초강목》에 기재되어 있다.

　회백색과 황갈색의 덩어리가 다양한 방향 물질을 함유하고 있으며, 단단 하나 열을 받으면 부드러워진다. 현재의 주요 산지는 라오스, 베트남, 인도 네시아, 태국 등이며 중국의 해남, 운남, 광동, 광서 지역에서도 소량 난다.

　안식향은 막힌 것을 뚫어 주고 정신을 맑게 하고 기를 통하게 하며 가래 를 삭이고 중풍, 혼미, 심복통과 허리통증에 약재로 쓰인다. 다른 향을 억제 하는 작용이 있어 배합할 때 소량만 사용한다.

　그 외 합향의 배향료로 쓰이는 식물향은 소합향蘇合香, 정향丁香, 미질향 迷迭香 등이 있다.

제 7 장

향과 문화생활

향과 차

차를 시작한 지 이십여 년이 되니 요즘은 거창한 차반이나 번잡한 찻자리를 멀리하게 된다. 차탁을 깨끗하게 치우고, 자그만 다선茶船에 호를 두고, 옆에 향로 하나, 가끔 꽃망울이 맺힌 나뭇가지 하나를 화병에 꽂고 찻자리를 즐긴다. 손님이 오기 전에 선향 한 가닥을 꽂아 다실의 공기를 정화시키며 마음으로 손님 맞을 준비를 한다.

차를 여러 잔 마시다 보면, 첫 잔의 감동은 서서히 줄어들고 담소가 그 자리를 차지한다. 수다가 몰아치면 어느새 담소의 즐거움 또한 잦아든다. 이때다. 숯을 불에 올리고 침향 조각을 꺼내 천천히 향을 올린다.

순간 들떠 있던 찻자리가 차분해지고, 침향의 기운에 몸이 맑아진다.

잠깐의 품향을 즐기고 다시 차를 내면 새로운 감동이 찾아온다.

향을 하면서 풍취가 더해진 찻자리를 즐기게 되니, 옛날 문인들의 시詩 중에 차에 향을 더하지 않으면 뭔가 부족하다는 그 심정이 이해된다. 차茶 문화와 훈향薰香의 역사는 거의 같은 시기에 시작되어 당송 때 최고로 발전하였다. 차와 향은 유가, 불가, 도가와 깊은 인연을 맺으며 약재로 쓰이기도 하고, 양생을 하거나 마음 수행을 하는 데 쓰였다. 수천 년 동안 황궁, 귀족, 문인, 사대부, 일반 백성 할 것 없이 모두 차와 향을 같이 즐겨왔고, 특히 문인들은 문향품명聞香品茗이라 하여 풍아한 모임에 향이 없어서는 안 되었다. 향과 차, 꽃과 그림, 금琴과 서예 등은 동양의 문화를 이루는 중심이다.

차와 향의 어우러짐에 대한 기록도 많다. 명대인 1613년에 서발徐勃이 완성한 《명담茗譚》은 차와 물건의 품평, 차 이야기와 시 등 품차와 관련된 소소한 이야기들을 기록한 차서인데 여기서 품차와 향의 어우러짐에 대한 기록을 볼 수 있다.

品茶最是清事, 若無好香在爐, 遂乏一段幽趣。
焚香雅有逸韻, 若無茗茶浮碗, 終少一番勝緣。
是故茶香兩相爲用, 缺一不可。
품차는 가장 청아한 일이긴 하나
좋은 향이 없으면 그윽한 풍치는 부족함이라.
분향은 우아함과 아름다움의 조화이나,
명차와 같이 하지 아니하면 원만치 못하리라.
차와 향은 서로 상생하니 어느 한쪽이 모자라서는 이루기 어렵도다.

명대 강소성 소주 사람인 문진형文震亨이 쓴《장물지長物志》〈발跋〉에도
사대부가 차와 향을 함께하는 데 대한 언급이 있다.

有明中葉，天下太平，士大夫以儒雅相尚，
若評書，品畫，淪茗，焚香，彈琴，選石等事，無一不精。
명나라 중엽에 천하가 태평하니
사대부는 학문이 깊고 품위가 있는 것을 서로 숭고하여
글을 평하고, 그림을 감상하며, 차를 우리고, 향을 사르고,
금을 다루며, 돌을 고르는 일에 능숙하지 아니한 것이 없더라.

명태조 주원장朱元璋의 열일곱 번째 아들인 주권朱權이 쓴《다보茶譜》
에도 관련 기록이 있다. 주권은 주태朱棣로부터 박해를 받자, 도교, 중국
전통 연극, 문학에 심혈을 기울이다 여생을 마쳤다.

以茶待客之禮，煮茶之前先即命童子設香案，焚香。
차로 손님을 접대하는 예를 갖추되 차를 끓이기 전에는
동자에게 향안을 설치하여 분향을 하도록 명한다.

중국 청나라 중기에 양주를 중심으로 활약한 여덟 명의 화가를 일컫는 양주팔괴揚州八怪 중 한 사람으로, 유명한 화가이며 시詩와 서書에 능통하였고 유난히 차를 좋아했던 문학가 정섭鄭燮(호 정판교鄭板橋로 더욱 유명하다.)이 남긴 《의진현강촌다사기사제儀真縣江村茶社寄舍弟》를 마지막으로 소개하고자 한다. 그가 남긴 '做官不爲民做主, 不如回家種紅薯。관료가 백성을 위하지 못하면 집에 가서 고구마나 심으련다.'라는 글은 후세의 젊은 혁명가들이 즐겨 읊은 구절이다.

> 江上初晴，宿烟收盡，林花碧柳，皆洗沐以待朝暾。
>
> 而又嬌鳥喚人，微風叠浪，吳楚諸山，青葱明秀，几慾渡江而來。
>
> 此時坐水閣上，烹龍鳳茶，燒夾剪香。
>
> 令友人吹笛，作梅花落一弄，真是人間仙境也。
>
> 강물 위로 해가 뜨고 안개가 활짝 개이자
>
> 숲속의 꽃들과 푸른 버들가지 물기에 목욕하고
>
> 상쾌한 아침 맞이하네.
>
> 아리따운 새들의 지저귐과 미풍에 풍랑이 거듭되니
>
> 오나라 초나라의 여러 산이 짙푸르게 수려하여

몇 번이고 강을 건너고 싶은 충동이 드는구나.

이럴 때쯤 물가의 누각에서 용봉차를 끓이고 향을 잘라 사르고

벗의 피리소리에 매화꽃이 날리니 그야말로 인간선경이로구나.

향과 차는 항시 어우러지길 즐기나, 향회인지 차회인지에 따라 그 중심이 다르다. 향회를 할 때는 향이 중심이 되니, 향이 우선이다. 향회가 끝날 무렵 향실에서 나와 다실로 옮기거나 향자리를 물리고 차를 준비한다.

향회에는 향이 진한 우롱차나 홍차는 피하고, 연하고 부드러운 녹차류나 오래된 진년보이를 선택한다. 차회에서는 먼저 영객향迎客香을 피워 손님을 맞이한다. 차를 바꾸는 때나, 찻자리가 끝날 무렵 향을 준비하여 손님들에게 문향을 하게 한다.

송 · 군영희서도 群嬰戲書圖
남송 송태조는 문文을 중시하고 무武를 폐하는 정책을 써서 남녀노소
모두 학문을 닦고 금기서화琴棋書畫를 즐겼다. 군영희서도는 아이들부터
문화생활을 즐기는 당시 시대상을 반영하고 있다.

향과 예술

향이 예술과 어우러지는 조화로움도 특별하다. 근대의 가장 유명한 화가 제백석齐白石은 향을 사르며 심오한 경지에 이르러 작품을 그리고 감상하였다.

觀畫，在香霧飄動中可以達到入境境界；
作畫，我也于香霧中做到似與不似之間，寫意而能傳神。
그림을 관상함은 안개 같은 향연이 피어오를 때 경지에 오를 수 있고,
그림을 그릴 때도 안개 같은 향연 속에서
그런 듯 아닌 듯 사의적이면서도 생동감을 전할 수 있다.

차와 향, 그림의 풍취를 멋지게 즐기면서 글과 그림으로 남긴 사람은 정판교이다. 그는 관직을 버리고 시골로 들어가 숲속의 초가 한 칸에 살며 차를 마시고 향을 사르며 먹을 갈아 그림을 그리고 그 생활에 젖은 글을 읽으며 자연의 풍취를 만끽했다.

茅屋一間，新篁数竿，雪白紙窓，微浸綠色，

此時獨坐其中，一盞雨前茶，一方端硯石，一張宣州紙，幾筆折一枝花。

朋友來至，風聲竹響，愈喧愈静；

家童掃地，侍女焚香，往來竹陰中，清光映于畫，絶可憐愛。

초가 한 칸에 새롭게 싹튼 대나무 몇 그루

하얀 문풍지에 은은하게 비취빛이 물드네.

이때 홀로 그 중에 앉아 우전차 한 잔 우리고

반듯이 벼루 갖추어 선지[17] 한 장에 꽃가지 몇 송이 그린다.

친구가 도착하니 바람에 대나무 소리가 떠들썩하다 조용해진다.

동자가 마당을 쓸고 시녀가 분향을 하며 대나무 그늘 밑을 오가니

맑은 빛이 그림에 비추어 절묘하게 사랑스럽구나.

문진형文震亨의 《장물지長物志》에는 실내뿐 아니라 야외에서 향을 즐기는 모습이 실려 있다.

花園中焚香，最適合木鼎式香爐，放在露天山石間，更顯返璞歸眞野趣。

화원에서 향을 사르기에는 나무로 된 정족 향로가 딱 알맞다.

노천의 산중 돌 사이에 놓아두면

더더욱 꾸밈없이 자연의 아름다움에서 느끼는 흥취가 생겨난다.

---

17) 당나라 때 선주宣州 지역에서 생산된 종이로, 질 좋기로 유명하다.

애신각라愛新覺羅 윤정胤禎은 강희康熙 황제의 열네 번째 아들이다. 그의 명작《분향단금焚香弾琴》을 보면 금을 타기 전 향을 사르는 내용을 볼 수 있다. 향으로 이르고자 하는 정신적 경지와 음악을 통해 이르고자 하는 고매함이 서로 맞닿아 있음을 알 수 있다.

琴能靜念少紛紜，更有仙聲娛聽聞。
盥手焚香彈夜月，桐香蘭味兩氤氳。
금은 잡념을 없애고 어지러움을 적게 하니
선가仙家의 소리가 즐거이 들리구나.
손을 깨끗이 해 분향하고 달밤에 금을 타니
오동향기와 난화 맛이 자욱하구나.

옛 기록을 살펴보면, 향이 없는 날이 없으며, 생활 곳곳에 향이 스미어 있고, 산이든 물가든 실내든 향이 그윽했으며, 글을 쓰거나 그림을 그리거나 음악을 감상하더라도 향이 어우러졌다. 또 찻자리에 향이 있고 꽃이 있고 그림이 있고 끓는 물소리와 향내음이 사람과 어우러졌다.

휘황찬란할 만큼 풍요로웠던 동양의 옛 문화의 꽃이 다시 활짝 피길 기대하고 기다리는 마음으로 찻자리에 향을 더한다.

향시 감상

고시古詩에 담긴 향

　품향회를 마칠 때마다 짧게라도 감상을 꼭 쓰게 한다. 그러면 사람들은 향에 대한 벅찬 감동을 표현하지 못하는 어려움과 이로 인한 더 큰 아쉬움을 토로한다. 아마도 지나치게 바쁜 생활을 하다 보니, 순간순간의 감동을 지나쳐 버리면서 점차 이를 표현하는 능력도 잃어버리게 된 것 같다. 매화 가지에 물이 올라 통통하게 부풀어도, 새벽 출근길 여린 풀잎에 맺힌 이슬을 스쳐 지나면서도 그것을 느끼는 감성을 잃어버린 것이다. 비가 오거나 눈이 오거나, 즐거울 때나 우울할 때나 사랑을 할 때나, 언제 어느 때든 술술 읊어 대는 시인까지는 아니지만, 마음이 설레는 그대로 표현할 수 있는 감성과 풍취를 키우는 것은 필요할 것이다.

　옛날 문인들은 다양한 글로 향을 노래했고, 또 향으로 인한 마음의 변화를 그렸다. 이런 글귀들을 접하게 된다면, 향과의 만남이 더욱 다채로워질 것이라는 생각에 중국 향시香詩 몇 수를 소개한다.

향전 香箋*

香之爲用，其利最溥。

物外高隱，坐語道德，焚之可以清心悅神。

四更殘月，興味蕭騷，焚之可以暢懷舒嘯。

晴窗搨帖，揮塵閑吟，篝燈夜讀。

焚以遠辟睡魔，謂古伴月可也。

紅袖在側，秘語談私，執手擁爐，

焚以薰心熱意，謂古助情可也。

坐雨閉窗，午睡初足，就案學書啜茗味淡，

一爐初熱，香靄馥馥撩人。

更宜醉筵醒客，皓月清宵，冰弦戛指，

長嘯空樓，蒼山極目，未殘爐熱，香霧隱隱繞簾，

又可祛邪辟穢，隨其所適，無施不可。

*   중국 명나라 말기, 《고반여사考槃餘事》에 실린 시. 《고반여사》는 문인들의 취미－서書, 첩帖, 화畫, 지紙,
     묵墨, 필筆, 연硯, 금琴, 향香, 다茶, 분완盆玩, 어학魚鶴, 산재山齋, 기거기복起居器服, 문방기구文房器具,
     유구遊具－ 16가지를 설명하고 있는 이 분야의 대표적인 서적이다.

향의 사용은 이로움이 광대하다.
세속을 벗어난 은자가 도덕을 논할 때
분향함으로 마음이 맑아지고 즐거워진다.
달이 기울어진 사경四更에 흥이 식어 처량할 즈음
분향하니 가슴이 탁 트이고 편안하구나.

밝은 창가에서 필사를 하거나
먼지를 털고 앉아 한가로이 시를 읊거나
등불 밝혀 밤새도록 독서할 때에
분향을 하여 졸음을 쫓아낸다.
이는 예부터 달과 함께 밤을 지내는 방법이다.

미인을 곁에 두고 귓속말을 속삭이며
두 손을 마주하여 향로를 잡고
분향을 하며 뜨거운 이 마음을 전하네.
예로부터 이로써 정을 더하였으리라.

비 오는 날 창문을 닫아걸고 낮잠에서 깨어나
책상에 앉아 책 읽으며 담백한 차 한 잔 우리니
따뜻한 화로와 모락모락 향연에 마음이 설렌다.

술에서 깨어난 손님에게 더욱 좋으니
휘영청 달 밝은 밤 차가운 현을 퉁기면서
빈 누각에 울리는 소리에 청산이 유난히 처량하구나.
열기 남은 향로에 은은한 향연이 발을 감돌고
사기를 없애고 삿된 것을 쫓아내니
향은 그때마다 쓰임새가 다양하구나.

여지 荔枝*

朱彈星丸燦日光，綠瓊枝散小香囊。
龍綃殼綻紅紋栗，魚目珠涵白膜漿。
梅熟已過南嶺雨，橘酸空待洞庭霜。
蠻山踏曉和烟摘，拜捧金盤獻越王。

붉은 별 탄환은 찬란하기가 햇빛 같고,
녹경 가지는 작은 향낭에 뿌려 넣는다.
용초 껍질로 붉은 밤알같이 구슬려서
감쪽같이 하얀 막을 입혔다.
매실은 벌써 익어 남산 비탈 우기를 넘기고
신 귤은 괜스레 동정산의 서리만 기다리네.
만산의 새벽을 밟으며 안개와 함께 따서는
금 쟁반에 고이 받쳐 월왕께 바치네.

---

*   서인徐寅(약 890년~?)의 시. 서인은 자가 소몽昭梦이며 현 복건福建 포전莆田 사람으로, 당나라 말 오대 시기의 저명한 문학가이다.

인향반 印香盤*

不聽更漏向譙楼, 自剖玄機貯案頭。
爐面勻鐠香粉細, 屏間時有篆煙浮。
回環恍若周天象, 節次同符五更籌。
清夢覺來知侯改, 褰帷星火照吟眸。

물시계가 망루를 향하는 걸 듣지 못한 채
홀로 현기玄機에 골몰하여 책상 끝에 새기며
향로에 부드러운 향가루를 고루 펴놓으니
병풍 사이로 전자篆字체 연기가 떠다니네.
감도는 모양은 천지가 변하는 듯
그 마디마디는 오경의 산대와 꼭 들어맞는다.
꿈에서 깨어나니 계절이 바뀐 걸 알아차리고
휘장을 걷어 별빛에 눈망울을 비추인다.

경루자 更漏子*

玉爐香，紅蠟淚，偏照畫堂秋思。
眉翠薄，鬢雲殘，夜長衾枕寒。
梧桐樹，三更雨，不道離情正苦。
一葉葉，一聲聲，空階滴到明。

옥로의 향기, 붉은 양초의 눈물
화당을 비추어 가을 생각에 젖어든다.
얇은 비취 눈썹에 희끗희끗 머릿결
긴 밤을 잠 못 이루고 베개가 차갑구나.

삼경 비에 오동나무 적시고
이별의 괴로움은 말하지 않으리라.
한 잎 한 잎, 한 방울 한 방울
텅 빈 계단 위로 떨어지다 날이 밝아온다.

---

*   온정균温庭筠(812~866)의 시. 온정균은 본명이 기岐, 예명이 정균庭筠이며 자가 비경飛卿으로 당나라
      병주기현并州祁縣(지금의 산서山西 진중시晉中市 기현祁縣) 사람이다. 당 말기의 시인이며 음률과 시를
      정통하여 이상은李商隱과 이름을 같이 날려 온리温李라고 불린다.

송수상인 送琇上人*

古殿焚香外，清贏坐石棱。

茶煙開瓦雪，鶴跡上潭冰。

孤磬侵雲動，靈山隔水登。

白雲歸意遠，舊寺在廬陵。

오랜 궁전에서 분향하고 지친 몸을 바위에 맡겨 본다.

차 끓어 기와의 눈 녹이고 얼어붙은 못 위에 학 자취 남는다.

외로운 경쇠소리에 구름이 흩어지니 영산이 물 너머 떠오르네.

흰 구름 돌아갈 길 멀고멀어 옛 고찰은 노릉**에 있도다.

---

* 정소鄭巢가 쓴 시. 정소는 당대 진사로 급제하였으며 저서 《당재자전唐才子傳》이 세상에 전해진다.

** 동한의 지역 이름(현 길안吉安)

동천청록집 洞天淸錄集*

明窗淨几，羅列佈置，篆香居中，佳客玉立相映。

時取古人妙跡以觀。

鳥篆蝸書，奇峰遠水，摩挲鍾鼎，親見周商。

端硯涌嚴泉，焦桐鳴玉佩。

不知身居人世，所謂受用淸福，孰有逾此者乎?

是境也，閬苑瑤池未必是過。

밝은 창가 깨끗한 탁자에 가지런히 놓인

전향**이 가장자리에서 귀한 손님을 맞이한다.

가끔 옛사람의 명필을 꺼내어 감상하고

조전과 와서*** 읽으며 고화 속 기이한 봉우리와 먼 강을 바라보며

청동기를 어루만지니 주대, 상대에서 노는 것 같구나.

샘솟는 바위 속으로 그 물 끝을 찾아 헤매고

그을린 오동나무에 옥패가 울고 있으니

누리는 이 청복을 세상에서 그 누가 능가하랴.

경지에 올랐구나, 서왕모가 사는 선경이면 이보다 나으랴.

---

*   남송 때 강남 각지를 유람했던 조희호趙希鵠가 쓴 시.
      중국문화사에서 최초로 출현한 고기물(골동품)을 감별하는 서적의 제목이다.
**   향전을 말함.
*** 옛날 서체를 말함.

진루월 秦樓月*

東風歇

香塵滿院花如雪，花如雪。

看看又是黃昏時節，無言獨自添香鴨。

相思情緒無人說，無人說，照人祇有西樓斜月。

동풍이 잦아들자

향재 가득한 정원에 꽃잎이 눈처럼 날린다.

보아하니 또 황혼녘이라

말없이 홀로 향압에 향을 더한다.

그리운 이 마음을 누구에게 말하랴, 누구에게 말하랴.

날 비쳐 주는 건 오로지

서쪽 누각에 비스듬히 걸린 달님뿐이라네.

* 주자지周紫芝(1082~1155)가 쓴 시. 주자지는 자가 소은少隱, 호가 죽파거사竹坡居士이며, 선성宣城(현
안휘성安徽省 선성宣城) 사람이다. 남송의 문학가이며《태창제미집太倉稊米集》,《죽파시화竹坡诗话》
《죽파사竹坡词》등 명작을 썼다.

분향 焚香*

明窓延靜晝, 默坐消塵緣。即將無限意, 寓此一炷煙。

當時戒定慧, 妙供均人天。我豈不淸友, 于今心醒然。

爐香裊孤碧, 雲縷靄數千。悠然凌空去, 縹緲隨風還。

世事有過西安, 熏性無變遷。應是水中月, 波定還自圓。

밝은 창가에서 조용히 책을 덮으며

묵묵히 앉아 세속의 인연을 사르련다.

끝없는 생각들을 향 한 가닥에 담아 본다.

계정혜戒定慧의 오묘함을 사람과 하늘에 올리오니

좋은 벗을 거르지 못한 마음이 이제야 깨어나구나.

향로에서 피어나는 푸른 향연은 구름가닥처럼 갈래갈래 나부끼고

유유히 하늘로 사라지더니 또 바람 따라 돌아오는구나.

세상사는 어제와 오늘이 있으나 향은 변함이 없으니

물속의 달처럼 물결이 잠잠해지니 절로 다시 둥글게 되는구나.

---

* 송나라 시인인 진여의陳與義(1090~1138)가 지은 시. 시를 잘 지어 강서시파江西詩派 '삼종三宗'의 한 사람으로 꼽힌다.

사좌차막훤 四坐且莫喧*

四坐且莫喧, 願聽歌一言。請說銅爐器, 崔嵬像南山。

上枝似松柏, 下根据銅盤。雕文各異類, 離婁自相聯。

誰能為此器, 公輸與魯班。朱火燃其中, 青烟揚其間。

從風入君懷, 四坐莫不嘆。香風難久居, 空令蕙草殘。

사방에 앉아 떠들지 말고 노래 한마디 들어보게나.

동향로에 대해 설명하니 남산의 높은 봉우리 같구나.

위에는 송백 가지를 담고 동으로 된 접시에 올려서

여러 기이한 동물과 새들을 연이어 조각하였으니

누가 이 기물을 만들었을까, 공수**더냐, 노반***이더냐?

붉은 불꽃이 타오르고 푸른 향연이 맴돌고

바람 따라 군의 품으로 날아드니 감탄을 아니 할 수 없구나.

향기가 오래 머무르지 아니하니 혜초 찌꺼기가 허무하구나.

*   양한 시대의 이름 모를 시인이 쓴 시다.
**   춘추전국시대 말기 노나라 사람으로, 하늘의 계단을 만들었다고 한다.
*** 공수와 같은 시기 사람으로, 건축의 시조이다. 공수와 노반이 한 사람이라는 설도 있고 다른 사람이란 설도
     있다.

춘한 春寒*

小院春寒閉寂寥，杏花枝上雨瀟瀟。
午窗歸夢無人喚，銀葉龍涎香漸銷。

꽃샘추위에 뜰 안이 쓸쓸하고
살구가지에 가랑비가 부슬부슬
창가에 기댄 낮잠을 깨워 주는 이 없으니
은엽 위 용연향이 서서히 식어가는구나.

---

*   북송의 유명한 문학가 호자胡仔(1110~1170)가 쓴 시.

보살만 菩薩蠻*

寶薰拂拂濃如霧，暗驚梅蕊風前度。

依約似江村，餘香馬上聞。

畫橋風雨暮，零落知無數。

收拾小窗春，金爐檀炷深。

향로에 훈향하니 짙은 안개처럼 휠휠 휘날리고

매화 봉우리가 살짝 놀라며 바람결에 스치네.

희미하니 강촌마을 같은데 남은 향이 곧 느껴지네.

그림 같은 다리 위로 비바람이 몰아치는 저녁녘

이리저리 나뒹구는 꽃잎들은 헤아릴 수도 없건만

자그마한 창가의 봄기운을 거둬들이니

금향로의 단향 자루는 이내 깊어져만 가네.

* 남송의 주자지周紫芝(1082~1155)가 쓴 시.

236

번향령 翻香令*

金爐猶暖麝煤殘, 惜香更把寶釵翻。

重聞処, 餘薰在, 這一番, 氣味勝從前。

背人偷蓋小蓬山, 更將沉水暗同然。

且圖得, 氤氳久, 爲情深, 嫌怕斷頭煙。

금향로 따뜻한 온기에 사향재만 남았구나.

향이 아까워 비녀로 뒤집어 본다.

다시 맡아 보니 여향이 은은한데

이 향기가 예전을 능가하는구나.

누가 볼까 몰래 봉래산 뚜껑을 덮으며

침수향을 슬며시 같이 태운다.

얻고자 하니 자옥한 안개가 오래 남으나

애착이 깊어 향연이 끊길까 걱정이구나.

*   북송 시기 유명한 문학가로 당송팔대가唐宋八大家의 한 사람인 소식苏轼(1036~1101)이 쓴 시.

취화음 醉花陰*

薄霧濃雲愁永晝，瑞腦消金獸。

佳節又重陽，玉枕紗櫥，半夜涼初透。

東籬把酒黃昏后，有暗香盈袖。

莫道不銷魂，帘卷西風，人比黃花瘦。

옅은 안개와 짙은 구름같이 수심에 젖은 날들에

목서와 용뇌를 금수향로에 태운다.

좋은 계절은 어느새 또 중양重陽**이라

옥베개와 엷은 휘장에 밤이 차갑구나.

황혼 뒤 술을 준비하니 소맷자락에 암향을 더한다.

혼백을 잃지 않는다 말하지 마라.

서풍에 눈발이 휘날리니

사람이 국화같이 수척해지구나.

* 송대의 제주장구齐州章丘(현 산동성) 사람이며 호가 역안거사易安居士인 이청조李清照(1081~1141)가
    지은 시. 천고제일재녀千古第一才女라고 불리는 여시인이다.
** 음력 9월 9일로, 중국의 절기 가운데 하나.

향시 감상

239

소충정 訴衷情*

營巢燕子逞翻翔，微志在雕梁。
碧雲擧翮千里，其奈有鸞皇。
臨濟処，德山行，果承擔。
自時降住，一切天魔，掃地焚香。

둥지 찾는 제비가 빙빙 나는 걸 보아하니
미미한 뜻은 조량雕梁에 있어라.
구름 질러 천리를 날아왔는데 난황鸞皇이 차지하니 어찌할꼬.
임제의 곳, 덕산의 길. 이는 마땅히 감당할 과과인 것을.
때가 되어 천마를 항복시키고 땅을 쓸고 분향한다.

---

*   북송의 유명한 사상가, 정치가, 문학가, 혁명가인 왕안석王安石(1021~1086)이 쓴 시.

한거서사 閑居書事*

園林綠葉一番新，桃李吹成陌上塵。

玩易焚香消永日，聽琴煮茗送殘春。

隱居正欲求吾志，大患元因有此身。

堪笑癡人營富貴，百年贏得冢前麟。

정원 푸른 잎이 새롭게 단장하고

도화 이화가 날려 먼지 언덕이 되었네.

주역을 보고 분향으로 하루를 보내며

금 소리 듣고 차 끓이다 남은 봄날 다 보냈네.

나의 뜻을 찾고자 은거를 하였건만

큰 우환은 바로 이 몸뚱이구려.

우습구나, 어리석은 이들 부귀를 꿈꾸건만

백년 공덕 무덤 앞 기린을 얻었을 뿐이라네.

* 남송의 유명한 문학가, 사학가, 애국시인 육유陆游(1125~1210)가 쓴 시.

향계 香界*

幽興年來莫與同，滋蘭聊欲泛光風。

真成佛國香雲界，淮山桂樹叢。

花氣無邊薰欲醉，靈芬一點靜還通。

何須楚客紉秋佩，坐臥經行向此中。

그윽한 흥취가 근자에 들어 예전과 같지 않아

물기 어린 난초와 광풍을 이야기하고자 하네.

진실로 불국토의 향운계를 이루려나

회산의 계수나무 숲속에서.

끝없이 풍기는 꽃향기에 심신이 취할 듯

신령한 향내가 순간에 고요함과 통하는구나.

굳이 초객楚客처럼 추패秋佩를 꿰맬 테냐.

앉거나 눕거나 행함 모든 것이 그 중에 있다네.

*   주문공朱文公으로 널리 알려진 주희朱熹(1130~1200)가 쓴 시. 자는 원회元晦, 중회仲晦, 호는
     회암晦庵이며 만년에는 회옹晦翁이라 했다. 송대의 유명한 이학가理學家, 사상가, 철학가, 교육가,
     시인이며 민학파閩學派의 대표인물로 유학에서 성과를 이루어 주자라 불린다. 주희는 공자에게 친히
     전수받은 제자가 아니나, 공자를 모신 사당인 공묘孔庙의 대성전大成殿에 모셔진 열두 명 중 한 사람이다.

242

사경수사장노혜선향 謝慶壽寺長老惠綫香[*]

插向薰爐玉箸圓, 黨軒懸処瘦藤牽。

才焚頓覺塵氛遠, 初製應知品料全。

餘地每延孤棺月, 微風時颭一絲煙。

感師分惠非無意, 鼻觀令人悟入玄。

향로에 꽂은 선향은 옥저玉箸같이 둥글고

마른 덩굴이 휘감은 듯 걸쳐 있다.

순간 속기가 멀어져 가는 것을 느끼니

처음 만듦에 재료는 응당 온전해야 할 것이다.

고독한 타양의 달밤을 이어가노라니

미풍에 한 가닥 향연이 휘날리네.

스승의 고마운 가르침이 우연이 아닐 테니

비관으로 깨닫고 현묘함에 몰입하구나.

향시 감상

---

[*]   명초의 유명한 화가 왕불王紱(1362~1416)의 시. 고목죽석 그림이 유난히 출중하다.

몽강남 夢江南*

昏鴉盡, 小立恨因誰?

急雪乍翻香閣絮, 輕風吹到膽瓶梅, 心字已成灰。

처량한 황혼녘에 어찌하여 서러움에 젖었는가.

눈꽃이 향각으로 날려 담병 매화송이에 앉으니

그리움에 젖은 마음 심心 자는 재가 되어 버렸네 그려.

*　　납란성덕納蘭性德(1655~1685)의 시. 그는 청대의 유명한 시인으로, 자가 용약容若, 호가
　　능가산인楞伽山人이다. 강희康熙 황제가 중용하였으나 31세에 별세한다. 《통지당집通志堂集》,
　　《측모집側帽集》, 《음수사飮水詞》 등 명작이 있으며 《납란사納蘭詞》로 후세에 전한다.

참
고
문
헌

---

* 3장 〈향도와 비관〉에서 좌선의 자세에 대한 설명은 《선자의 초심禪者的初心》
   (Shunryu Suzuki 저, 梁永安 역, 2010년) 24쪽 좌선의 자세에서 참고하였다.

* 3장 〈호흡의 관찰〉은 석가모니 부처님의 수행법으로써 위빠사나 《내관內觀－
   葛印卡的解脫之谜》(William Hart 저, 대만내관선수기금회 역, 2009년), 《쌍
   윳다니까야》의 2584쪽 제54장 호흡의 쌍윳다, 《참선지인禪修指引－남전불교
   南傳佛教》(Sayadaw U.Jotika 저, 果儒 역) 40쪽 실수지도 중 수식법 등에서
   조금씩 다르게 설명되었으나 모두 같은 방법이다.

* 劉良佑 《香學會典》 臺灣東方香學研究會(2003.08)

* 巫仁恕 《品味奢華。晚明的消費社會與士大夫》 中華書局(2008.07)

* 傅京亮 《中國香文化》 齊魯出版社(2008.01)

* 錢漢東 《日照香爐》 上海文化出版社(2009.01)

* 揚之水 《香識》 廣西師範大學出版社(2011.08)

* 趙明明, 劉去業 《識香》 (2012.01)

* 宋 陳敬 著, 嚴小青 編 《新纂香譜》 中華書局(2012.02)

* 賈天明 《中國香學》 中華書局(2014.01)

* 明 周嘉胄 著, 日月洲 注 《香乘》 九州出版社(2014.05)

* 송인갑 《후각을 열다》 청어출판사 (2012.07)

호흡의 예술 향도

2015년 3월 25일 초판 1쇄 발행
2018년 2월 28일 개정판 1쇄 발행
2024년 7월 22일 개정판 2쇄 발행

글 | 정진단
사진 | 박홍관

발행인 | 박홍관
발행처 | 티웰
편집 | 정숙영
디자인 | 엔터디자인 홍원준

등록 | 2006년 11월 24일 제22-3016호
주소 | 서울시 종로구 삼일대로 461 SK허브 101동 307호

전화 | 02.720.2477
홈페이지 | http://www.teawell.net
메일 | teawell@gmail.com
ISBN   978-89-97053-32-2 03590